Mohammed Zahir
Hamza Ait Said

Etude et superrviisiion d'un variateur de vitesse POWERFLEX 700

AF280328

Mohammed Zahir
Hamza Ait Said

Etude et superrviisiion d'un variateur de vitesse POWERFLEX 700

variateur de vitesse

Presses Académiques Francophones

Impressum / Mentions légales
Bibliografische Information der Deutschen Nationalbibliothek: Die Deutsche Nationalbibliothek verzeichnet diese Publikation in der Deutschen Nationalbibliografie; detaillierte bibliografische Daten sind im Internet über http://dnb.d-nb.de abrufbar.

Information bibliographique publiée par la Deutsche Nationalbibliothek: La Deutsche Nationalbibliothek inscrit cette publication à la Deutsche Nationalbibliografie; des données bibliographiques détaillées sont disponibles sur internet à l'adresse http://dnb.d-nb.de.

Coverbild / Photo de couverture: www.ingimage.com

Verlag / Editeur:
Presses Académiques Francophones
ist ein Imprint der / est une marque déposée de
OmniScriptum GmbH & Co. KG
Heinrich-Böcking-Str. 6-8, 66121 Saarbrücken, Deutschland / Allemagne
Email: info@presses-academiques.com

Herstellung: siehe letzte Seite /
Impression: voir la dernière page
ISBN: 978-3-8416-2922-7

Dédicace

Je dédie ce travail aux êtres qui me sont les plus chers

A ma très chère maman

Rien au monde ne pourrait compenser les sacrifices que vous avez consentis pour mon éducation et mon bien être, afin que je puisse me consacrer pleinement à mes études. Puisse Dieu, le tout puissant, vous procurer santé, prospérité et longue vie.

A mes très chers frères, sœur et amis

Aucune dédicace ne peut valoir les sacrifices que vous avez consentis. Vous m'avez aidé et soutenu tout au long de mes études. Vous avez toujours su m'éclaircir avec patience à travers tout ce long chemin.

Aux chers petits

SEBRAOUI Taha et SEBRAOUI Badr

A mon cher ami ZAHIR Mohammed

A tous ceux qui ont contribués de près ou de loin à l'élaboration de ce travail

A tous les futurs lauréats de l'AIMAC.

AIT SAID Hamza.

Je dédie ce travail aux êtres qui me sont les plus chers.

A mes très chers parents

Rien ne traduira le profond amour, l'inestimable affection et la profonde reconnaissance que je porte à leur égard.

Leur affection, compréhension, sacrifice et leurs prières m'ont été d'un grand soutien tout au long de mes études.

Qu'ils trouvent l'expression de ma profonde gratitude.

A tous mes chers amis et collègues

A mon cher ami AIT SAID Hamza

ZAHIR Mohammed.

Remerciement

Au terme de ce modeste travail, nous tenons à exprimer nos sincères et profonds remerciements à tout le corps administratif de CENTRELEC pour nous avoir accueillit parmi ses équipes et de nous avoir permit de mettre en pratique notre savoir-faire, spécialement Mr. Mohammed KATIF, Mr. Samir CHEGDALI, Mr. Anouar BOUZGIYA, Mr. Ilyass OUAZA et Mr. Ayoub BETTACHI et pour ses conseils judicieux et disponibilité sans faille.

Nous remercions également tout le corps professoral de l'Académie internationale Mohammed VI de l'aviation civile, en particulier Dr. Mohammed BENBRAHIM ET Dr. Nadia MACHKOUR, Professeurs encadrant, pour la qualité de leur encadrement, leur patience et leur compréhension qui nous motivaient pour aller de l'avant.

N'oublions pas toute l'équipe du service pour son dynamisme, ses conseils et les explications qu'elle nous a fournie durant toute la période du stage ainsi que toute personne ayant contribué à la réalisation de ce projet.

Liste des figures :

Sommaire :

Résumé

Après trois ans de formation au sein de l'Académie internationale Mohammed VI de l'aviation civile, on est appelé à passer un stage de fin d'études pour mettre en pratique les connaissances acquises, avoir une idée sur le monde de travail pour pouvoir s'intégrer dans la vie active et s'engager à prendre une responsabilité d'un ensemble d'opérations organisées dans le temps et dans l'espace.

Le présent rapport constitue notre travail accompli dans le cadre du projet de fin d'études effectué au sein de l'entreprise CENTRELEC. L'objectif de ce projet est l'étude et le paramétrage du variateur de vitesse PowerFlex 700.

La réalisation de ce projet a demandé d'abord une étude sur la variation de vitesse, pour mieux comprendre le principe de fonctionnement des variateurs de vitesse, ensuite il a fallu faire des simulations par le logiciel PSIM pour mieux comprendre le principe de la commande MLI.

Pour conclure et pour rendre ce travail plus concret, on a travaillé sur une partie pratique où on a pu cerner toutes les étapes de mise en service du variateur de vitesse PowerFlex 700, que ça soit la partie électronique de puissance ou celle de l'automatisme et supervision.

Abstract

After five years of training in the Moroccan school of engineering sciences, we are called to spend a training period to implement the knowledge that we had acquired, get an idea about the world of work to integrate into working life and commit to take responsibility for a set of operations organized in time and space.

This report describes our work accomplished during the End of Studies Project, which was performed in CENTRELEC. The objective of this project is Study and Parameter setting of the variable speed drives PowerFlex 700.

Completion of this project took first consistent study on speed control, to better understand the working principle of variable speed drives, and then we made a simulation by the PSIM software to understand better the principle of the command PWM.

To conclude this work and make it more concrete, we worked on a practical part in which we identified all stages of commissioning of the variable speed drive PowerFlex 700, whether the power electronics part or the automation one.

Introduction Générale

La grande majorité des applications d'entraînement par moteur électrique ne nécessite pas de réglage ou de maintien du couple, de la vitesse, de l'accélération ou d'autres grandeurs caractéristiques. Il n'est donc pas utile de mettre en œuvre des moyens de réglage de ces grandeurs. Un simple dispositif de démarrage peut s'avérer indispensable dans certains cas. La machine universelle pour les faibles puissances en alimentation monophasée et la machine asynchrone à cage sont les plus couramment utilisées pour une alimentation directe sur le réseau. Le point de fonctionnement statique dépend donc exclusivement des caractéristiques du réseau, de la machine, et de la charge entraînée. Bien entendu toute variation des caractéristiques de la machine, de la charge et du réseau d'alimentation se traduira par un déplacement du point de fonctionnement. Les accélérations et les décélérations dépendent, elles aussi, exclusivement des caractéristiques de la machine, de la charge et du réseau d'alimentation sans possibilité de réglage.

Un certain nombre d'applications demandent une adaptation du couple, de la vitesse, de l'accélération ou d'autres grandeurs pour une conduite satisfaisante du procédé :
• Démarrage progressif du procédé, accélération et décélération contrôlée.
• Contrôle précis du couple, de la vitesse en régime statique et/ou dynamique.
• Réglage/asservissement des flux de production à la demande.

L'investissement pour une solution en vitesse variable électronique ne se fera que s'il apporte des gains en :
• Qualité des produits finis (tôles pour l'industrie agro-alimentaire, papier…)
• Economies de production (pompage/propulsion à débit variable…)
• Souplesse d'exploitation (adaptation des flux de production à la demande…)
• Réduction de maintenance (entraînement direct se substituant à des éléments mécaniques…).

Pour bien choisir un système d'entraînement à vitesse variable il est absolument nécessaire de connaître les contraintes imposées par la charge à l'ensemble réseau/convertisseur/machine :
• Caractéristique couple vitesse de la machine entraînée
• Inertie de la machine entraînée
• Performances statiques et dynamiques attendues
• Régime et service dans tous les cas d'exploitation.

On entend par **régime** l'ensemble des grandeurs électriques et mécaniques caractérisant le fonctionnement d'une machine à un instant donné. On entend par **service** les différents régimes auxquels la machine est soumise avec leurs durées respectives et leur ordre de succession.

Le choix d'un ensemble convertisseur/machine pour une application spécifique résulte de l'adéquation la plus parfaite entre le cahier des charges, les solutions techniques disponibles à un instant donné, les moyens humains et la rentabilité financière de l'investissement.

CHAPITRE   I :

Présentation de l'organisme d'accueil

1. Présentation de la société :

1.1. Fiche technique :

Dénomination sociale	:	CENTRELEC
Forme juridique	:	SA
Capital social	:	27.777.777,00 DHS
Année de création	:	1979
Adresse Siège social	:	34, Boulevard Moulay Slimane, Casablanca
Tel	:	022.34.57.00
Fax	:	022.24.40.41
E-mail	:	centrelec@centrelec.ma
Site Web	:	www.centrelec.com
Effectif	:	207 collaborateurs
Superficies construites	:	8926m² répartie comme suit :
		Siège social : 3660m² de bureaux, 3 salles de conférence et 4 salles de formation.
		Magasin : 840m²
		Usine : 4400m²

Figure I.1: Siège de CENTRELEC

1.2. Historique :

CENTRELEC a été créée en 1979 pour la distribution des produits électriques basse tension par une équipe d'ingénieurs et techniciens expérimentés dans le domaine.

Depuis cette date, CENTRELEC n'a pas cessé d'évoluer pour accompagner les différents changements qu'a connus le marché électrique marocain et mondial :

Années	Evènements
1979	• Création de la sociéte
1982	• Partenariat avec le constructeur suisse SPRECHER & SCHUH pour la distribution exclusive de ses produits au Maroc
1986	• Conclusion de partenariat avec FERRAZ pour la distribution exclusive de ses produits au Maroc
1995	• Partenariat avec le constructeur mondial Rockwell Automation pour la distribution de ses produits et solutions. • Acquisition et déménagement au nouveau local sis au 38, Bd. Abdellah Ben Yacine CASA
2001	• Accord de partenariat avec APC pour la distribution de sa gamme de produits.
2002	• COOPER POWER SYSTEMS accorde à CENTRELEC la distribution de ses produits. • Accord de partenariat pour la distribution des produits et l'intégration des solutions HAZEMEYER. • Aménagement et équipement d'un atelier de fabrication au parc industriel OKACHA
2003	• Mise en place d'un système de management et de la démarche qualité en vu de la certification ISO 9001 : 2000.
2004	• Mise en place de Eff-Sys (un ERP : Entreprise Ressources Planning) • Acquisition d'un nouveau local pour bâtir le nouveau complexe
2005	• Commencement des travaux de construction du nouveau complexe regroupant toutes nos activités • Certification conformément à la NM ISO 9001 : 2000 • Obtention du prix d'excellence 2005, catégorie : Distributeur agréé ROCKWELL AUTOMATION
2006	• Déménagement au nouveau siège sis à 34 Bd Moulay Slimane
2007	• Augmentation du capital social à 27,7 MDH

Figure I.2 : Evénements marquants de l'histoire de CENTRELEC

2. Présentation de CENTRELEC :

2.1. Mission :

La mission première de CENTRELEC est de contribuer à l'efficience des installations de ses clients en leur offrant des solutions innovantes, conformes à leur besoin présent et futur dans les métiers de l'électricité et de l'automatisme industriel, grâce à un savoir-faire et à une réactivité reconnus.

Le personnel étant le premier facteur de satisfaction de ses clients, la société s'efforce de lui donner un cadre de travail   favorisé son épanouissement sur tous les plans : compétence, expérience, culture, confort ...

Le système de management appuyé sur une éthique professionnelle irréprochable fait de CENTRELEC une entreprise citoyenne exemplaire.

La pérennité étroitement dépendante de sa rentabilité conduit CENTRELEC à s'inscrire dans une dynamique d'amélioration permanente pour rester la meilleure aux yeux de ses partenaires.

2.2. Vision :

CENTRELEC veut qu'elle soit la référence dans son domaine, grâce à la satisfaction reconnue de ses clients, la motivation, le dévouement et la convivialité de son personnel, et qu'elle soit le modèle de société marocaine performante.

2.3. Valeurs :

Les valeurs fondamentales de CENTRELEC sont les suivantes :

Respect des règles déontologique du métier.
Communication ouverte et honnête.
Esprit et travail d'équipe.
Excellence dans tout ce qu'elle entreprend.

3. Organisation interne :

3.1. Organigramme :

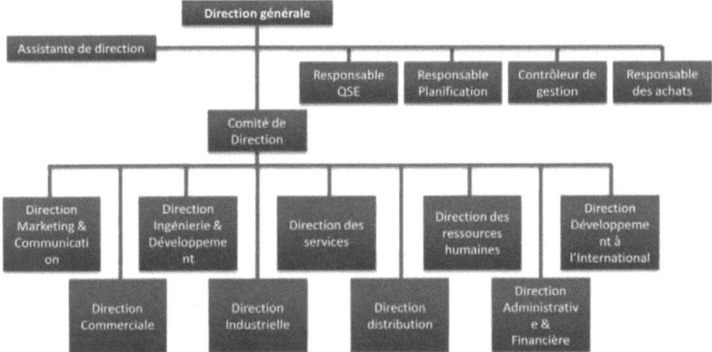

Figure I.3: Organigramme interne de CENTRELEC

3.2. Présentation de la direction d'accueil : Direction des Services :

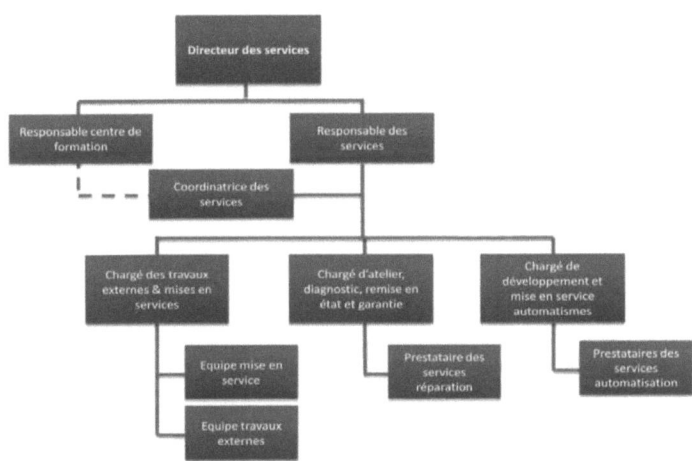

Figure I.4: Organigramme de la Direction des Services de CENTRELEC

La Direction des Services a pour mission de développer et réaliser des services à valeur ajoutée pour accompagner les clients dans l'atteinte de leurs objectifs actuels et futurs.

3.3. Présentation des directions :

La Direction Générale a pour mission de concevoir, définir et mettre en œuvre la stratégie de l'entreprise, et veiller à sa bonne marche opérationnelle.

Le comité de direction a pour mission d'assister le directeur général dans la conception, la définition et la mise en œuvre de la stratégie de l'entreprise et dans la veille de sa bonne marche.

Le Service Qualité a pour mission de garantir l'établissement d'un système de management de la qualité, sa mise en œuvre, son entretien et son amélioration en continue à tous les niveaux de l'entreprise, et ce, en concordance avec le référentiel qualité, la stratégie et les objectifs de l'entreprise.

La Direction Commerciale a pour mission la prospection et le développement du marché marocain en proposant des produits et solutions conformes aux besoins de ce marché et en concordance avec la stratégie et les objectifs de l'entreprise.

La Direction Marketing et Communication a pour mission la définition, la gestion, l'adaptation et le développement de l'offre de CENTRELEC en fonction des attentes et besoins du marché cible, et la fourniture des informations nécessaires à la réussite des missions des services internes, ainsi que la définition et la réalisation de l'ensemble des actions de communication commerciale permettant de prescrire l'offre auprès des clients et d'améliorer l'image de marque et la notoriété de CENTRLEC en concordance avec la stratégie et les objectifs de l'entreprise.

La Direction Ingénierie & Développement a pour mission de réaliser l'ingénierie et le développement de solutions conformes aux normes et aux exigences clients en respectant les contraintes de coût et de délai, et ce, en concordance avec les objectifs et la stratégie de CENTRELEC.

La Direction Industrielle a pour principale mission l'approvisionnement, la fabrication et le contrôle de tableau moyen tension, des tableaux débrochables basse tension et des tableaux automatismes, variateurs de vitesse et démarreurs électroniques.

Direction Achat et Logistique : Cette direction est composée de deux services :

- ✓ Le Service Achat qui procède aux achats de CENTRELEC, pour les produits et services à revendre ou qui rentrent dans la fabrication des tableaux, dans les meilleures conditions de conformité de produits, de prix, de délai, de garantie et de conditions de paiement, et ce, en concordance avec la stratégie et les objectifs de l'entreprise.

✓ Le Service Logistique qui assure la logistique aval conformément aux exigences du client, et assure la gestion du stock, et ce, en concordance avec la stratégie et les objectifs de l'entreprise.

La Direction Administrative et Financière a pour mission de soutenir le développement de CENTRELEC à travers la mise en œuvre de politiques adéquates de financement, de moyens généraux, de système d'informations et de contrôle de gestion.

La Direction Ressources Humaines a pour mission de veiller en permanence à l'adéquation des ressources humaines aux besoins de CENTRELEC et leur procurer un environnement de travail en concordance avec les règles et lois en vigueur et avec la stratégie et les objectifs de l'entreprise.

4. Activités de CENTRELEC :

La couverture sectorielle assurée par CENTRELEC est très large, et concerne des domaines très variés. Nous citons ci-après un aperçu général sur ces domaines et sur le niveau d'intervention de CENTRELEC.

4.1. Contrôle industriel :

L'offre contrôle industriel est constituée de tous les produits et appareillages destinés à la commande, la protection et le contrôle des départs moteurs. Elle englobe :

- Les contacteurs,
- Les démarreurs électroniques,
- Les variateurs de vitesse,
- Les disjoncteurs moteurs,
- Les interrupteurs de charge,
- Les relais électroniques et numériques de protection moteur,
- Les relais et contacteurs auxiliaires,
- Les relais temporisés,
- Les boutons poussoirs, voyants lumineux et commutateurs sélecteurs,
- Les relais et appareils de mesure,
- … etc.

4.2. Automatismes industriels :

L'offre automatismes industriels est constituée des produits et logiciels destinés à réaliser des solutions programmables de contrôle et commande des processus et des applications nécessitant une automatisation. Elle englobe :

- Les automates programmables compactes,
- Les automates programmables modulaires,

- Les logiciels de programmation,
- Les équipements de supervision,
- Les logiciels de supervision,
- Les accessoires pour réseaux industriels,
- ... etc.

4.3. Distribution électrique :

L'offre distribution électrique concerne les produits et appareillages de protection des installations électriques. Elle englobe :

- Les disjoncteurs modulaires,
- Les disjoncteurs à boîtier moulé,
- Les disjoncteurs à coupure dans l'air,
- Les protections différentielles,
- ... etc.

4.4. Sécurité des installations :

L'offre sécurité des installations est constituée des équipements et solutions de protection de l'alimentation électrique. Elle englobe :

- Les onduleurs monophasés,
- Les onduleurs triphasés,
- Les alimentations à courant continu,
- Les centrales d'énergie à courant continu,... etc.

4.5. Produits moyenne tension :

L'offre produits moyenne tension est constituée des produits suivants :

- Les fusibles moyennes tensions,
- Les parafoudres moyens tension,
- Les régulateurs de tension,
- Les auto-sectionneurs,
- Les ré-enclencheurs automatiques,
- ... etc.

4.6. Equipements électriques :

L'offre équipements est constituée des équipements fabriqués dans l'atelier Centrelec :

- Tableaux basse tension débrochables,
- Tableaux basse tension fixes,
- Tableaux moyenne tension débrochables,
- Tableaux moyenne tension fixe,
- ... etc.

4.7. Accessoires électriques :

Les accessoires électriques concernent :

- Les coffrets et armoires électriques,
- Les goulottes de câblage,
- Les bornes de connexion,
- ... etc.

5. Homologation & Certificats :

L'usine de CENTRELEC est certifiée ISO 9001 version 2001, cette norme fait partie de la série ISO 9000, relatives aux systèmes de gestion de la qualité, elle donne les exigences organisationnelles requises pour l'existence d'un système de gestion de la qualité. Ces exigences y sont relatives aux 4 grands domaines :

1. Responsabilité de la direction : exigences d'actes de la part de la direction en tant que premier acteur et permanent de la démarche.

2. Système qualité : exigences administratives permettant la sauvegarde des acquis. Exigence de prise en compte de la notion de système.

3. Processus : exigences relatives à l'identification et à la gestion des processus contribuant à la satisfaction des parties intéressées.

4. Amélioration continue : exigences de mesure et enregistrement de la performance à tous les niveaux utiles ainsi que d'engagement d'actions de progrès efficace.

C'est dans ce but de que le service Qualité a été crée. Il a pour mission de garantir l'établissement d'un système de management de la qualité, sa mise en œuvre, son entretien et son amélioration en continue à tous les niveaux de l'entreprise, et ce, en concordance avec la référentielle qualité, la stratégie et les objectifs de l'entreprise.

Cette certification n'est pas la seul CENTRELEC a aussi reçu l'homologation de plusieurs sociétés américaines et européennes pour l'intégration des solutions MT et BT.

CHAPITRE II :

Etude de la variation de vitesse d'un moteur asynchrone.

1. Moteur asynchrone :

1.1 . Rappel :

1 : rotor :circuit magnétique tournant
2 : stator : circuit magnétique fixe + 3 enroulements
3 : plaque à bornes pour l'alimentation et le couplage.

1.2 .Principe de fonctionnement :

Le principe des moteurs à courants alternatifs réside dans l'utilisation d'un champ magnétique tournant produit par des tensions alternatives

La circulation d'un courant dans une bobine crée un champ magnétique B. Ce champ est dans l'axe de la bobine, sa direction et son intensité sont fonction du courant I. C'est une grandeur vectorielle.

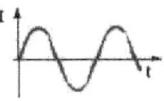

Si le courant est alternatif, le champ magnétique varie en sens et en direction à la même fréquence que le courant.

Si deux bobines sont placées à proximité l'une de l'autre, le champ magnétique résultant est la somme vectorielle des deux autres.

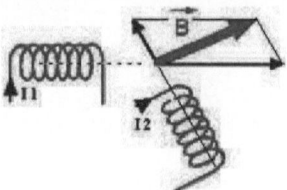

Dans le cas du moteur triphasé, les trois bobines sont disposées dans le stator à 120° les unes des autres, trois champs magnétiques sont ainsi créés. Compte-tenu de la nature du courant sur le réseau triphasé, les trois champs sont déphasés (chacun à son tour passe par un maximum). Le champ magnétique résultant tourne à la même fréquence que le courant soit 50 tr/s.

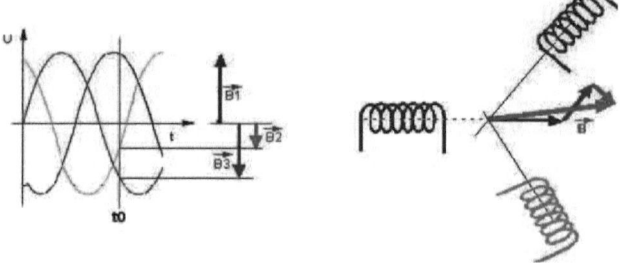

Les 3 enroulements statoriques créent donc un champ magnétique tournant, sa fréquence de rotation est nommée fréquence de synchronisme. Si on place une boussole au centre, elle va tourner à cette vitesse de synchronisme.

Le stator est constitué de barres d'aluminium noyées dans un circuit magnétique. Ces barres sont reliées à leur extrémité par deux anneaux conducteurs et constituent une "cage d'écureuil". Cette cage est en fait un bobinage à grosse section et très faible résistance.

Cette cage est balayée par le champ magnétique tournant. Les conducteurs sont alors traversés par des courants de Foucault induits. Des courants circulent dans les anneaux formés par la cage, les forces de Laplace qui en résultent exercent un couple sur le rotor. D'après la loi de Lenz les courants induits s'opposent par leurs effets à la cause qui leur a donné naissance. Le rotor tourne alors dans le même sens que le champ mais avec une vitesse légèrement inférieure à la vitesse de synchronisme de ce dernier.

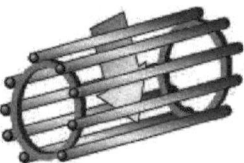

Le rotor ne peut pas tourner à la même vitesse que le champ magnétique, sinon la cage ne serait plus balayée par le champ tournant et il y aurait disparition des courants induits et donc des forces de Laplace et du couple moteur. Les deux fréquences de rotation ne peuvent donc pas être synchrones d'où le nom de moteur asynchrone.

1.3 .Schéma équivalent simplifié :

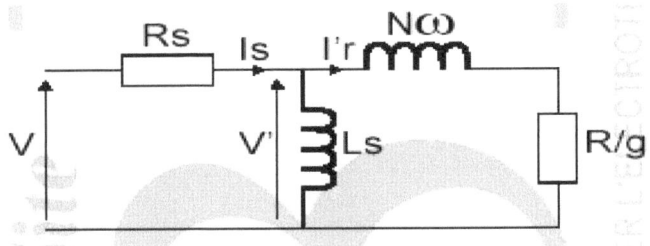

Figure II.1 : Schéma équivalent simplifié

1.4 .Bilan de puissance :

Le schéma ci-dessous représente la transmission de la puissance à travers la machine :

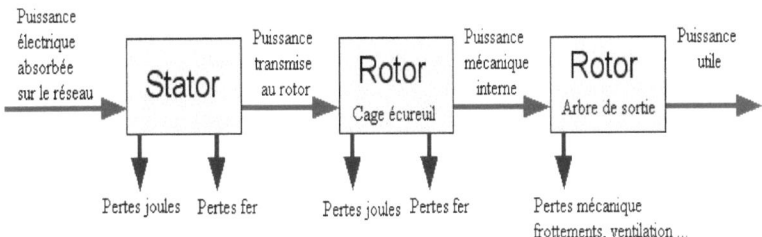

Ce résultat montre que le moteur asynchrone transmet intégralement le couple électromagnétique sur son arbre.

1.5 .Le couple électromagnétique :

$$Ce = 3p\left(\frac{V'}{\omega}\right)^2 \omega \frac{R/g}{(R/g)^2 + (N\omega)^2}$$

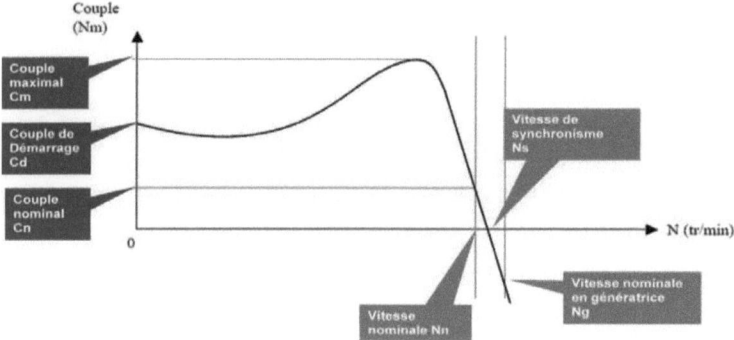

Figure II.2 : Couple utile en fonction de la vitesse

Le couple varie avec la fréquence de rotation pour le moteur et pour la charge entraînée. Les caractéristiques du moteur et de la charge se croisent au point de fonctionnement pour lequel les couples moteur et résistant sont identiques.

1.6 .Le couple électromagnétique maximal :

$$Ce\max = 3p\left(\frac{V'}{\omega}\right)^2 \frac{1}{2Nr}$$

1.7 .Vitesse du rotor :

L'expression de la vitesse rotorique s'exprime comme de suite :

$$Nr = (f/p)(1-g) \qquad \text{Avec } g = (Ns-Nr)/Ns$$

$$Ns = f/p$$

- **p** : Nombre de paire de pôles.
- **g** : Glissement du moteur.
- **f** : Fréquence du secteur attaquant les enroulements du stator.
- **Ns** : Vitesse statorique en (tr/s).
- **Nr** : Vitesse rotorique en (tr/s).

1.8 .Quadrants et domaines de fonctionnement :

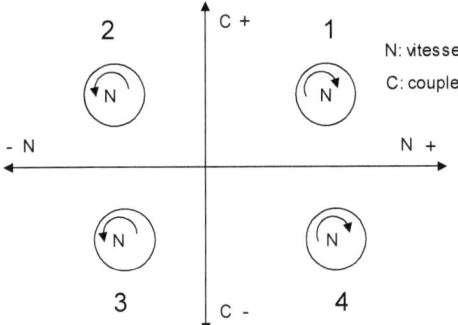

Figure II.3 : représentation des quatre quadrants du couple et de la vitesse

- **Premier quadrant :**
    Le moteur fonctionne dans le sens direct. Le couple et la vitesse sont positifs.
- **Deuxième quadrant :**
    Le moteur fonctionne en sens inverse (vitesse négative) et le couple est positif (période de freinage ou récupération).
- **Troisième quadrant :**
    Le moteur fonctionne en sens inverse et le couple est négatif.
- **Quatrième quadrant :**
    Le couple est négatif et la vitesse est positive (période de freinage ou récupération).

- **Déroulement d'un cycle normal :**

    Démarrage dans le sens direct (quadrant 1) ; freinage et récupération (quadrant 4). Démarrage dans le sens inverse (quadrant 3) ; freinage et récupération (quadrant 2).

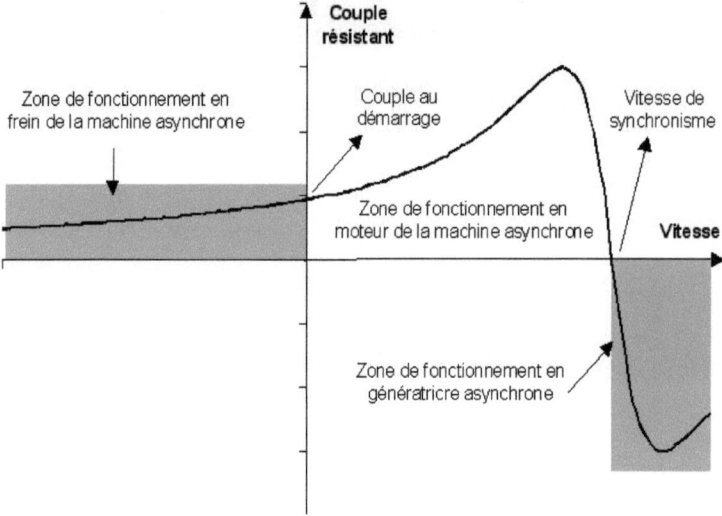

Figure II.4 : Domaines de fonctionnement du moteur

2. Principe de variation de vitesse :

La vitesse du moteur asynchrone s'exprime sous la formule suivante :

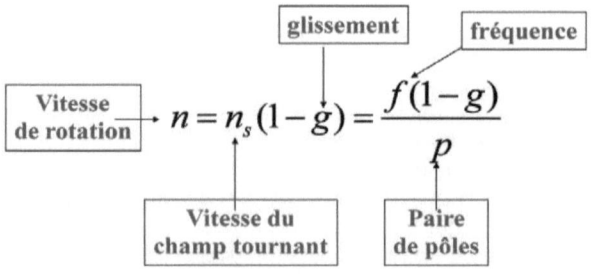

Donc Pour faire varier la vitesse d'un moteur asynchrone il est possible d'agir sur :

2.1.Le nombre de paire de pôles (p) :

Utilisé dans des moteurs ayant un nombre de paire de pôles modifiables. Elle permet d'obtenir en général deux vitesses pour un moteur asynchrone.

Il existe deux possibilités pour modifier le nombre de paires de pôles :

Moteur à enroulements séparés : Plusieurs bobinages sont insérés au stator et le nombre p de paires de pôles est différent pour chaque bobinage.

Variation par couplage de pôles: Le stator est constitué de six bobinages et selon leur mode de connexion il est possible d'obtenir p1 ou p2 paires de pôles par phase.

Inconvénient :

Cette méthode est limitée à deux vitesses V1(P1) et V2(P2), telle que V1=2V2.

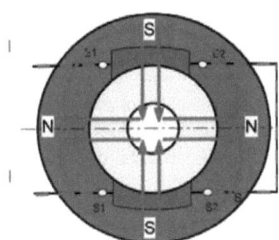

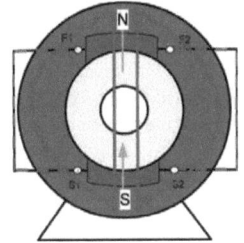

Figure II.5 :

Raccordement en série

Figure II.6 :

Raccordement en parallèle

2.2.Le glissement (g) :

Pour faire varier la vitesse par action sur le glissement, on peut agir soit sur :

*La tension d'alimentation pour les moteurs à cage.

*La résistance rotorique pour les moteurs à rotor bobiné.

$$g = K \frac{R_2}{V^2}$$

- **R2**   : Résistance rotorique.
- **V**   : Tension d'alimentation
- **K**   : Constante.

Inconvénient :

- Rendement très faible.

- Echauffement du moteur.

2.3.Réglage par variation de fréquence :

La fréquence de rotation de la machine étant au glissement prés proportionnel à la fréquence d'alimentation des enroulements statoriques, on essaiera de créer pour ces enroulements un réseau à fréquence variable ce sont les Onduleurs de tension. On peut aussi chercher à injecter des courants dans les enroulements pour imposer le couple de la machine ce sont les onduleurs de courant ou commutateurs de courant On peut également convertir directement la fréquence du réseau industriel en une fréquence variable plus faible (de 0 à 1/3 de la fréquence réseau) à l'aide d'un cycloconvertisseur à commutation naturelle piloté lui aussi en fréquence en courant ou vectoriellement.

Ainsi on voit que pour faire varier la vitesse d'un moteur asynchrone, il faut modifier la fréquence de rotation du champ magnétique et donc la fréquence du courant d'alimentation. Les variateurs de vitesse sont des variateurs de fréquence.

Parmi toutes les technologies existantes pour varier la vitesse des moteurs électriques, les variateurs de vitesse électroniques présentent le plus d'avantages. En effet, grâce à ce type de variateur, il est possible de contrôler parfaitement les phases de mise en rotation et d'arrêt de l'application, mais aussi d'effectuer un contrôle indépendant de la vitesse et du couple. De plus Les variateurs de vitesse électroniques assurent toutes les fonctionnalités de Protection du variateur et du moteur.

3. Fonction des variateurs de vitesse :

Parmi les fonctions principales du variateur de vitesse on trouve :

- l'accélération contrôlée,
- la décélération contrôlée,
- l'inversion du sens de rotation,
- le freinage.

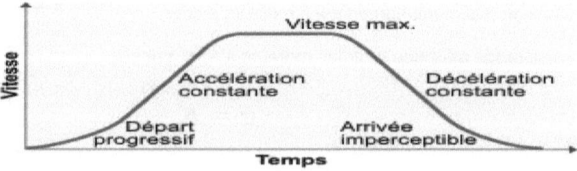

Figure II.7 : Différents fonctions d'un variateur de vitesse

3.1.L'accélération contrôlée :

Le variateur permet l'accélération du moteur en augmentant en temps réelle la fréquence attaquante le moteur.

3.2.La décélération contrôlée :

Les variateurs de vitesse permettent une décélération contrôlée sur le même principe que l'accélération.

3.3.L'inversion du sens de rotation :

Sur la plupart des variateurs de vitesse, il est possible d'inverser automatiquement le sens de marche. L'inversion de l'ordre des phases d'alimentation du moteur s'effectue :

- Soit par inversion de la consigne d'entrée,
- Soit par un ordre logique sur une borne,
- Soit par une information transmise par une connexion à un réseau de gestion.

3.4.Le freinage:

On distingue plusieurs méthodes de freinage :

*Freinage d'arrêt libre : Il est effectué par la mise hors tension du stator, c'est un freinage qui prend un peu de temps.

*Freinage électromécanique :

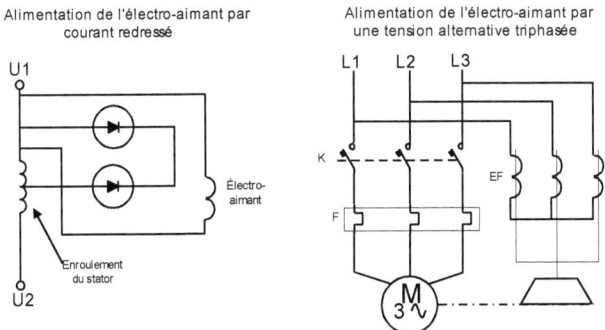

FIGURE II.8 : FREINAGE ÉLECTROMÉCANIQUE

*Freinage par contre-courant (inversion de deux phases) :

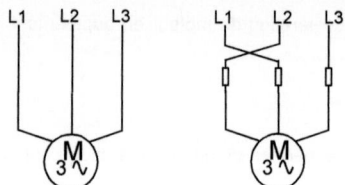

FIGURE II.9 : FREINAGE PAR CONTRE COURANT

*Freinage par injection de courant continue :

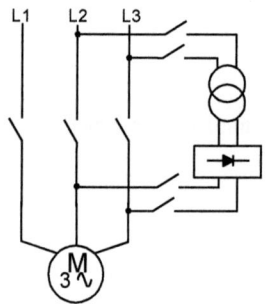

FIGURE II.10 FREINAGE PAR INJECTION DE COURANT CONTINU

Les méthodes de freinage qui sont les plus utilisées par les variateurs de vitesse sont le Freinage d'arrêt libre et le freinage par contre-courant(inversion des phases).

4. Commande scalaire :

Plusieurs commandes scalaires existent selon que l'on agit sur le courant ou elles dépendent surtout de la topologie de l'actionneur utilisé (onduleur de tension ou de courant). L'onduleur de tension étant maintenant le plus utilisé en petite et moyenne puissance, c'est la commande en *V/f* (*V* sur *f*) qui est la plus utilisée.

4.1 .Contrôle en V/f de la machine asynchrone :

Son principe est de maintenir *V/f* =Constant ce qui signifie garder le flux constant.
Le contrôle du couple se fait par l'action sur le glissement.
En effet, d'après le modèle établi en régime permanent, le couple maximum s'écrit :

$$C_{\max} = \frac{3p}{2N'_r}\left(\frac{V_s}{\omega_s}\right)^2$$

On voit bien que le couple est directement proportionnel au carré du rapport de la tension sur la fréquence statorique.

En maintenant ce rapport constant et en jouant sur la fréquence statorique, on déplace la courbe du couple électromagnétique (en régime quasi statique) de la machine asynchrone.

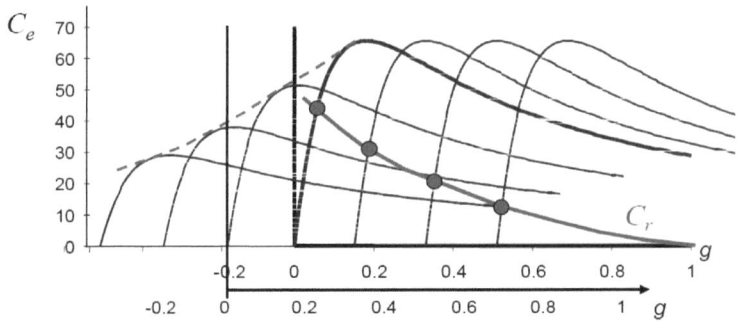

Figure II.11 : Déplacement de la caractéristique Couple-glissement en fonction de la fréquence d'alimentation

Correspond au point de fonctionnement ; intersection entre la courbe du couple de charge et celui du moteur.

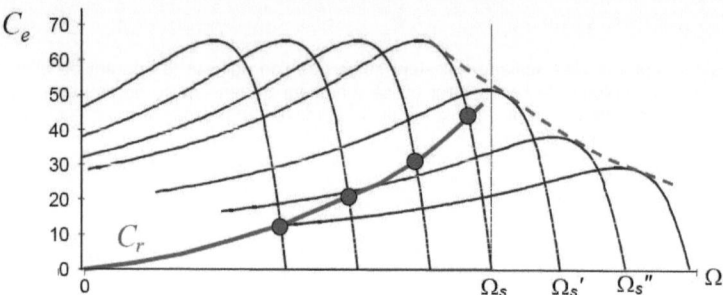

Figure II.12: Déplacement de la caractéristique Couple-vitesse en fonction de la fréquence d'alimentation

En fait, garder le rapport constant revient à garder le flux constant. Quand la tension atteint sa valeur maximale, on commence alors à décroître ce rapport ce qui provoque une diminution du couple que peut produire la machine. On est en régime de "défluxage". Ce régime permet de dépasser la vitesse nominale de la machine, on l'appelle donc aussi régime de survitesse (partie $\Omega > \Omega s$ de la figure II.11).

A basse vitesse, la chute de tension ohmique ne peut pas être négligée. On compense alors en ajoutant un terme de tension V0 (Figure II.12).

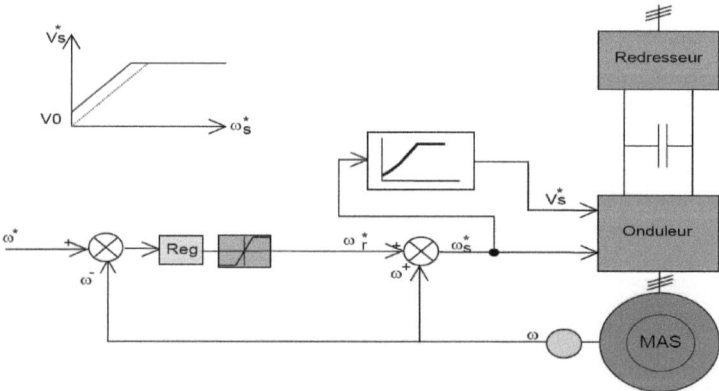

Figure II.13 : Contrôle scalaire de la tension

Le schéma de commande ci-dessus (Figure II.12) présente la manière de réguler la vitesse de la machine en reconstituant la pulsation statorique à partir de la vitesse et de la pulsation rotorique. Cette dernière, qui est l'image du couple de la machine est issue du régulateur de vitesse. Si la machine est chargée, la vitesse a tendance à baisser, le régulateur va fournir plus de couple (donc plus de glissement) afin d'assurer cet équilibre. La pulsation statorique est donc modifiée pour garder cet équilibre. La tension est calculée de manière à garantir le mode de contrôle en *V/f* de la machine.

4.2 .Contrôle scalaire du courant :

La différence avec la commande précédente, c'est que c'est un onduleur (commutateur) de courant qui est utilisé (Figure II.13). On impose directement des courants dans les phases de la machine. La fréquence du fondamental est calculée de la même manière. La valeur du courant de plateau *I d* (courant continu) est égale à une constante près à la valeur efficace du courant imposé *Is*. Elle est imposée par régulation à l'aide d'un pont redresseur contrôlé. Le dispositif est plus complexe qu'un contrôle scalaire de la tension.

$$I_s = \frac{\sqrt{6}}{\pi} I_d$$

$$I_s^* = \frac{\varphi_{snom}}{L_s} \sqrt{\frac{1 + (\omega_r \tau_r)^2}{1 + (\sigma \omega_r \tau_r)^2}}$$

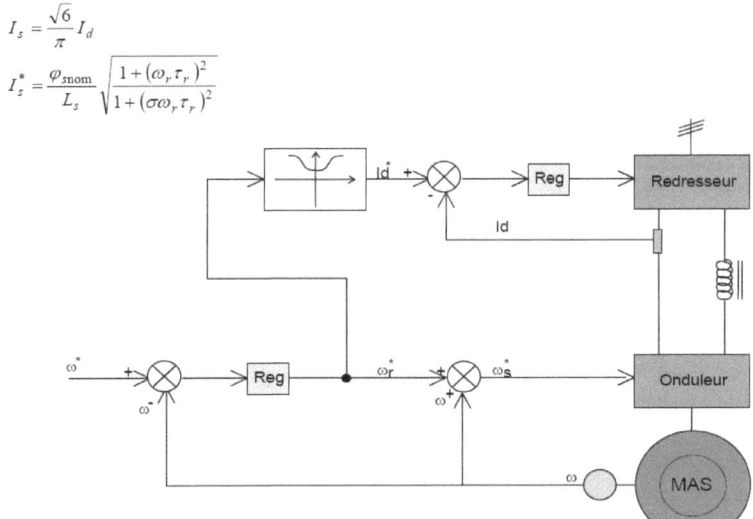

Figure II.14: Contrôle scalaire du courant

5. Commande vectorielle :

La commande vectorielle a été introduite il y a longtemps. Cependant, elle n'a pu être implantée et utilisée réellement qu'avec les avancés en micro électronique. En effet, elle nécessite des calculs de transformé de Park, évaluation de fonctions trigonométriques, des intégrations, des régulations... ce qui ne pouvait pas se faire en pure analogique. Le contrôle de la machine asynchrone requiert le contrôle du couple, de la vitesse ou même de la position. Le contrôle le plus primaire est celui des courants et donc du couple, puisque l'on a vu que le couple pouvait s'écrire directement en fonction des courants :

$$C_e = p\,M\,(\,i_{qs}\,i_{dr} - i_{ds}\,i_{qr}).$$

Une fois que l'on maîtrise la régulation du couple, on peut ajouter une boucle de régulation externe pour contrôler la vitesse. On parle alors de régulation en cascade ; les boucles sont imbriquées l'une dans l'autre. Il est évident que pour augmenter la vitesse, il faut imposer un couple positif, pour la diminuer il faut un couple négatif. Il apparaît alors clairement que la sortie du régulateur de vitesse doit être la consigne de couple. Ce couple de référence doit à son tour être imposé par l'application des courants ; c'est le rôle des régulateurs de courants (Figure II.15).
Cependant, la formule du couple électromagnétique est complexe, elle ne ressemble pas à celle d'une machine à courant continu où le découplage naturelle entre le réglage du flux et celui du couple rend sa commande aisée. On se retrouve confronté à une difficulté supplémentaire pour contrôler ce couple.

La commande vectorielle vient régler ce problème de découplage des réglages du flux à l'intérieur de la machine de celle du couple.

Il existe plusieurs types de contrôles vectoriels, nous n'aborderons que la commande vectorielle indirecte par orientation du flux rotorique (IRFO).

Mais d'abord le principe de la commande vectorielle.

Nous avons vu que le couple en régime transitoire (quelconque) s'exprime dans le repère *dq* comme un produit croisé de courants ou de flux. Si nous reprenons l'écriture :

$$C_e = p\,\frac{M}{L_r}\,(\varphi_{dr}i_{qs} - \varphi_{qr}i_{ds})$$

On s'aperçoit que si l'on élimine le deuxième produit $\left(\varphi_{qr}i_{ds}\right)$, alors le couple ressemblerait fort à celui d'une MCC. Il suffit, pour ce faire, d'orienter le repère *dq* de manière à annuler la composante de flux en quadrature. C'est-à-dire, de choisir convenablement l'angle de rotation de Park de sorte que le flux rotorique soit entièrement porté sur l'axe direct (*d*) et donc d'avoir $\varphi_{qr} = 0$. Ainsi $\varphi_r = \varphi_{dr}$ uniquement (Figure II.15).

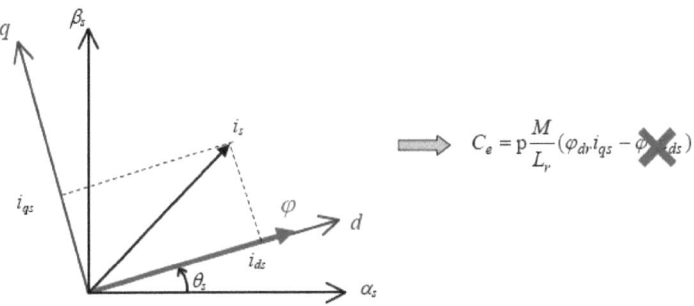

Figure II.15 : Principe du contrôle vectoriel

Le couple s'écrit alors :

$$C_e = p\frac{M}{L_r}\varphi_r i_{qs}$$

Il convient de régler le flux en agissant sur la composante *ids* du courant statorique et on régule le couple en agissant sur la composante *i qs*.

On a alors deux variables d'action comme dans le cas d'une MCC. Une stratégie consiste à laisser la composante *i ds* constante. C'est-à-dire de fixer sa référence de manière à imposer un flux nominal dans la machine.

Le régulateur du courant *i ds* s'occupe de maintenir le courant *i ds* constant et égal à la référence *i ds** (*i ds*= i ds Référence*).

Le flux étant constant dans la machine on peut imposer des variations de couple en agissant sur le courant *iqs* .

Si l'on veut accélérer la machine, donc augmenter sa vitesse, on impose une référence courant *iqs** positive. Le régulateur du courant *iqs* va imposer ce courant de référence à la machine.

D'où un couple positif.

On peut également automatiser le pilotage de cette référence de courant iqs^* en la connectant à la sortie d'un régulateur de vitesse. C'est ce dernier qui pilotera le couple de référence (et donc iqs^*) puisqu'il agira au mieux de manière à asservir la vitesse à une vitesse de consigne Ω^*.

La Figure II.15 résume cette régulation puisqu'elle représente le schéma de contrôle vectoriel de la machine asynchrone avec une régulation de vitesse et la régulation des deux courants ids et iqs. Ces deux courants sont régulés par deux boucles de courants dont les sorties sont les tensions de références

vd^*s et vqs^* dans le repère dq.

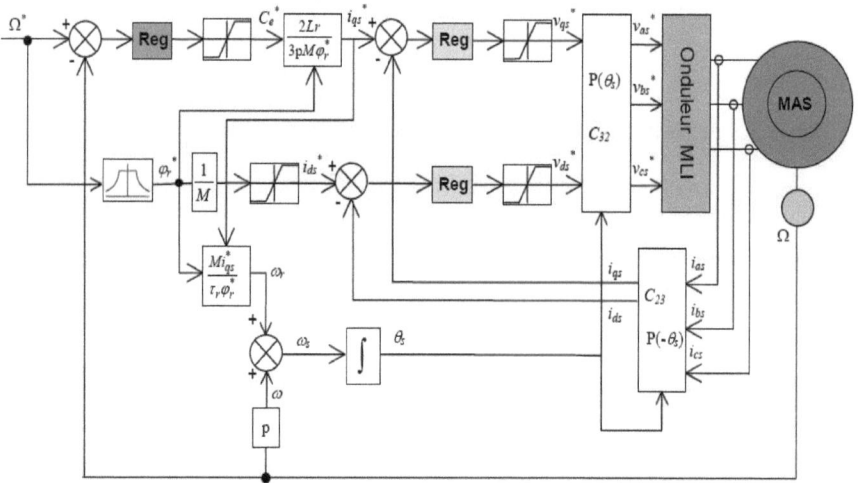

Figure II.16 : Schéma de régulation de vitesse de MAS en IRFO

On a donc 3 régulateurs dans ce schéma :

- _Le régulateur de vitesse :_

Il prend en entrée la vitesse de référence et la vitesse mesurée. Il agit sur le couple (c'est-à-dire que sa sortie est le couple de référence) pour réguler la vitesse.

- _Le régulateur de courant i qs :_

Il prend en entrée le courant iqs de référence et sa mesure. Il agit sur la tension de référence vqs^* pour ajuster le courant iqs. Si l'on regarde de plus près le schéma, on remarque qu'il y a un coefficient entre le couple de référence et le courant de référence iqs^*. Ce coefficient tient compte de la valeur du flux (voir la formule du couple) mais également un facteur 2/3 qui dépend de la transformation triphasé – biphasé choisie. La présence de ce facteur 2/3 est due au choix de la transformation Clarke dans ce schéma.

- *Le régulateur de courant ids :*

Il prend en entrée le courant *i ds** de référence et sa mesure. Il agit sur la tension de référence *v ds**. Réguler ce courant à une valeur constante, c'est garantir un flux rotorique constant car :

$$\varphi_r = \frac{M}{1 + p\,\tau_r} i_{ds}$$

Avec $\tau_r = \dfrac{L_r}{R_r}$ la constante de temps rotorique et *p* la variable de la transformé de Laplace.

On voit alors qu'en régime permanent $\varphi_r = M\,i_{ds}$

Il reste à examiner deux parties importantes :

Les transformations directes et inverses :

L'une permet, à partir des tensions biphasés (*v ds**, *v qs**) dans le repère *dq*, de calculer les tensions triphasées *v as**, *v bs**, *v cs** à imposer à la machine via l'onduleur à MLI (Modulation de Largeur d'Impulsion).

La deuxième transformation calcule, à partir des trois courants de ligne de la machine, les courants biphasés (*ids* , *iqs*) dans le repère *dq* qu'il faut réguler.

Ces deux transformations nécessitent le calcul de l'angle θ *s*.

Le calcul de l'angle de la transformation de Park θ s:

Ce bloc utilise la vitesse mesurée et la "pulsation" de glissement.

$$\omega_r = \frac{i_{qs}}{\tau_r\,i_{ds}}$$

Dans le cadre de l'IRFO, la pulsation de glissement se calcule par

ou en utilisant les références au lieu des mesures. Ainsi le calcul de l'angle des transformations directes et inverses peut se faire en sommant la pulsation de glissement avec la vitesse électrique, ce qui donne la pulsation statorique puis en intégrant cette dernière, on obtient θ *s*:

$$\theta_s = \int \omega_s dt = \int (p\Omega + \frac{i_{qs}^*}{\tau_r i_{ds}^*})dt$$

On obtient ainsi le schéma général à implanter sur une commande numérique (DSP ou micro- contrôleur)

CHAPITRE III:

Etude du variateur

De

Vitesse d'un moteur

asynchrone

1.   Définition :

Un variateur de vitesse est un équipement électrotechnique alimentant un moteur électrique de façon à pouvoir faire varier sa vitesse de manière continue, de l'arrêt jusqu'à sa vitesse nominale. La vitesse peut être proportionnelle à une valeur analogique fournie par un potentiomètre, ou par une commande externe : un signal de commande analogique ou numérique, issue d'une unité de contrôle.

2.   Structure interne :

Un variateur de vitesse est constitué d'un redresseur combiné à un onduleur. Le redresseur va permettre d'obtenir un courant quasi continu. À partir de ce courant continu, l'onduleur (bien souvent à commande *MLI*) va permettre de créer un système triphasé de tensions alternatives dont on pourra faire varier la valeur efficace et la fréquence. Le fait de conserver le rapport de la valeur efficace du fondamental de la tension par la fréquence (U/f) constant permet de maintenir un flux tournant constant dans la machine et donc de maintenir constante la fonction reliant la valeur du couple en fonction de (n_s - n).

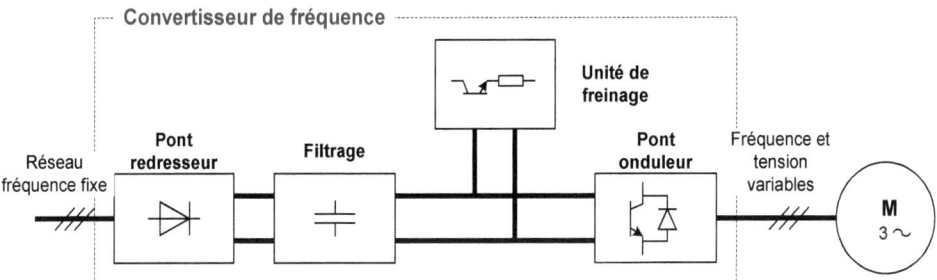

Figure III.1 : Structure d'un variateur de vitesse

2.1   Redresseur :

Les montages redresseurs, sont les convertisseurs de l'électronique de puissance qui assurent directement la conversion alternatif-continu. Alimentés par une source de tension alternative monophasée ou polyphasée, ils permettent d'alimenter en courant continu le récepteur branché à leur sortie.

Il y a deux types de redresseurs :

- Redresseurs non-commandés, ils sont à base de diodes.
- *Redresseurs commandés, ce sont des redresseurs dont une partie des diodes a été remplacée par des thyristors, ils assurent la variation de la tension redressée moyenne via la commande des thyristors, contrairement aux redresseurs non-commandés.

Remarque :

On suppose durant cette étude des redresseurs que la charge étudiée est fortement inductive que le courant id dans la charge est parfaitement lissé, donc qu'il est constant et égal à sa valeur moyenne Id.

Soit (V1, V2, V3) un réseau triphasé équilibré tel que :

$$V_1 = V_m \sin(\omega t),$$

$$V_2 = V_m \sin\left(\omega t - \frac{2\pi}{3}\right)$$

$$V_3 = V_m \sin\left(\omega t + \frac{2\pi}{3}\right)$$

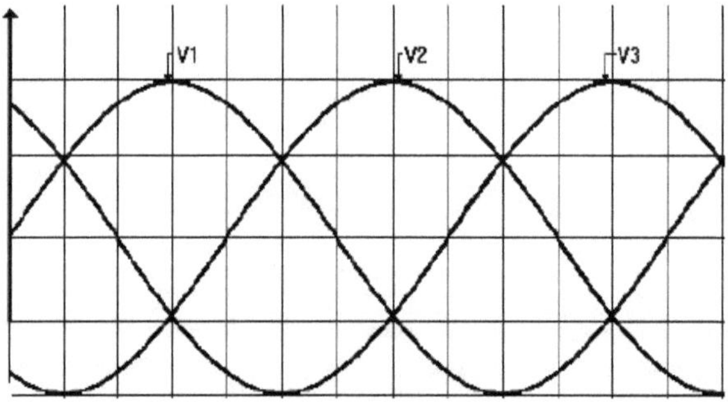

Figure III.2 : Signal triphasé

2.1.1 Redresseur triphasé non-commandé double Alternances (PD3) :

Ce type de redresseur est irréversibles, c'est-à dire que la puissance ne peut aller que du côté alternatif vers le côté continu.

a) Montage :

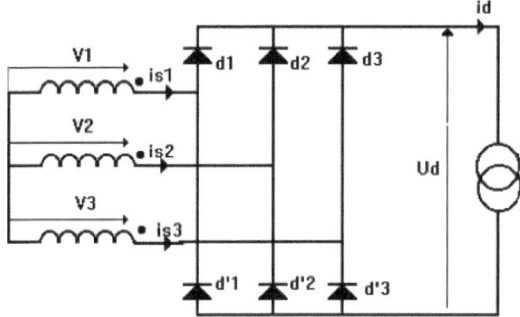

Figure III.3 : Pont de Graëtz triphasé à base de diodes

b) Allure de la Tension redressée :

Ud = VP-VN= (VP-VO) -(VN -VO)

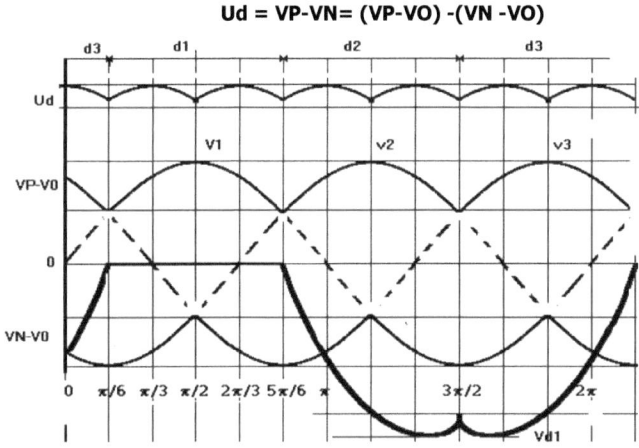

Figure III.4 : Tension redressée

On déduit que la tension *Ud* est formée de six sommets des tensions sinusoïdales d'amplitude √3 *Vm* et sa période est π/3.

c) Valeur moyenne de la Tension redressée :

$$Ud_0 = \frac{3\sqrt{3}}{\pi} Vm$$

Cette valeur est constante (Vm : tension maximale du secteur), on ne peut pas la varier, c'est la valeur la plus élevée que peut délivrer un montage redresseur qu'il soit commandé ou non.

d) Facteur de puissance :

$$F_s = \frac{P}{S} = \frac{3}{\pi}$$

Fs est donc de l'ordre de 0.95, c'est la plus grande valeur de facteur de puissance qu'on peut atteindre avec n'importe quel type de redresseur.

2.1.2   Redresseur triphasé commandé double alternances(PT3) :

Ce type de redresseur est réversibles, c'est-à dire qu'il puisse faire le transfert de puissance du côté continu vers le côté alternatif. Dans ce cas on dit qu'il fonctionne en onduleurs non autonomes ou assisté.

a) Montage :

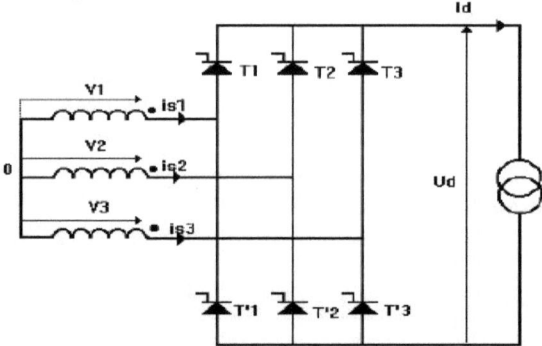

Figure III.5 : Pont de Graëtz triphasé à base de thyristors

b) Allure de la Tension redressée :

Soit α : angle de retard à l'amorçage des thyristors telle que : $0 \leq \alpha \leq \pi$.

On amorce les thyristors avec un retard angulaire α par rapport aux instants de commutation naturelle (commutation de diodes).

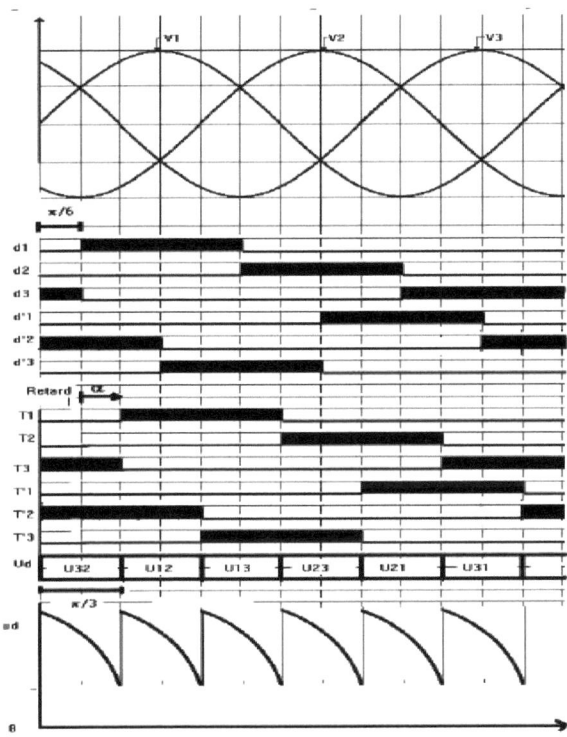

Figure III.6 : Tension redressée pour α= π/6

Le chronogramme de conduction des thyristors est tout simplement celui des diodes, mais retardé d'une durée α (comme illustré dans la figure ci-dessus). On détermine ensuite, pour chaque combinaison de thyristors passants, la valeur de la tension Ud en appliquant la loi des mailles à la maille parcourue par le courant.

Par exemple si α= π/6 comme le cas au dessus, pour 0 ≤ ωt ≤ π/3, ce sont T3et T'2 qui conduisent, on a donc : $Ud = V3 - V2 = U32$.

On déduit donc qu'Ud est une tension composée de période π/3.

c) **Valeur moyenne de la Tension redressée :**

$$Ud = \frac{3\sqrt{3}}{\pi} Vm \cos(\alpha)$$

Cette valeur moyenne dépend de α, de façon non-linéaire. En faisant α = 0, on retrouve la relation du pont PD3 à diodes.

Remarque :

Pour 0≤ α ≤ π/2 la tension Ud est positive ainsi que la puissance fournie par les sources d'alimentation, le fonctionnement du montage est dit **redresseur.**

Pour π/2 ≤ α ≤ π la tension Ud est négative ainsi que la puissance fournie par les sources d'alimentation, le fonctionnement du montage est dit **onduleur non autonome.**

d) **Facteur de puissance :**

$$Fs = \frac{3}{\pi} \cos(\alpha)$$

Le facteur de puissance dépend de α, de façon non-linéaire. En faisant α = 0, on retrouve celui du pont PD3 à diodes.

2.1.3   Redresseur triphasé mixte:

Ce type de redresseur est irréversibles, c'est-à dire que la puissance ne peut aller que du côté alternatif vers le côté continu.

a) Montage :

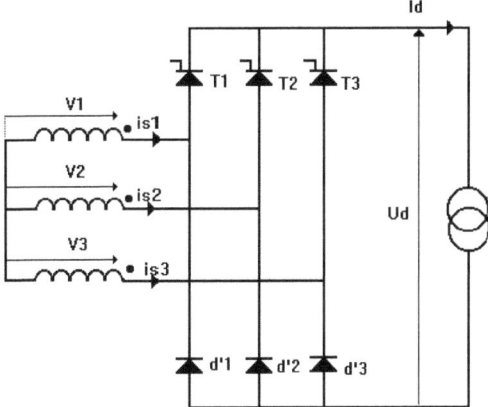

Figure III.7 : Pont de Graëtz triphasé mixte

b) Allure de la Tension redressée :

Soit α : angle de retard à l'amorçage des thyristors telle que : $0 \leq \alpha \leq \pi$.

On amorce les thyristorsT1, T2 et T3 avec un retard angulaire α par rapport aux instants de commutation naturelle (commutation de diodes d1, d2 et d3).

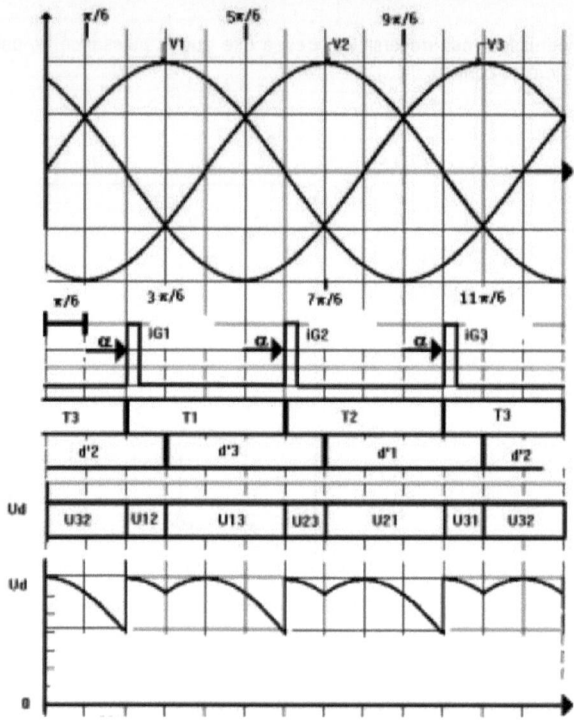

Figure III.8 : Figure : Tension redressée pour α= π/6

Le chronogramme de conduction des thyristors (T1, T2, T3) est tout simplement celui des diodes, mais retardé d'une durée α (comme illustré dans la figure ci-dessus). On détermine ensuite, pour chaque combinaison de thyristors et diodes passants, la valeur de la tension *Ud* en appliquant la loi des mailles à la maille parcourue par le courant.

Par exemple si α= π/6 comme le cas au dessus, pour 0 ≤ ωt ≤ π/3, ce sont T3 et d'2 qui conduisent, donc : *Ud* = *V3 – V2* = *U32*.

On déduit donc que *Ud* est une tension composée de période 2π/3.

On constate que les formes de la tension redressée Ud dépendent de α.

• Pour α ≤ π/3 la tension Ud ne s'annule pas.

• Pour α > π/3 *Ud* s'annule durant un angle ωt= α- π/3, commençant à l'instant de conduction des commutateurs négatifs   (d'1, d'2 et d'3).

Durant les instants où la tension *Ud* est nulle, la charge fonctionne en **roue libre**. C'est-à dire qu'elle n'est pas reliée à l'alimentation. La bobine de filtrage L libère son énergie et assure-la continuité du courant.

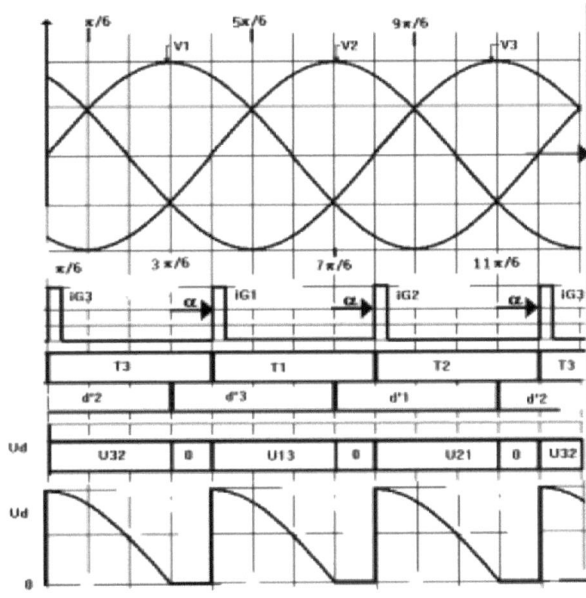

Figure III.9 : Tension redressée pour α= π/2

c) Valeur moyenne de la Tension redressée :

$$Ud = \frac{3\sqrt{3}}{2\,\pi} Vm \left[1 + \cos\left(\alpha\right)\right]$$

Cette valeur moyenne dépend de α, de façon non-linéaire. En faisant α = 0, on retrouve la relation du pont PD3 à diodes.

Quelque soit α la tension Ud est toujours positive ainsi que la puissance fournie par les sources d'alimentation, le fonctionnement du montage est dit **Redresseur et ne peut fonctionner en Onduleur autonome.**

d) Facteur de puissance :

$$Fs = \frac{Ps}{Ss} = \frac{3}{2\,\pi} \left[1 + \cos(\alpha)\right] \qquad , pour \quad \alpha \leq \frac{\pi}{3}$$

$$Fs = \frac{Ps}{Ss} = \sqrt{\frac{3}{2}} \frac{\left[1 + \cos(\alpha)\right]}{\pi \left[\sqrt{1 - \dfrac{\alpha}{\pi}}\right]} \qquad pour \quad \alpha \geq \frac{\pi}{3}$$

Le facteur de puissance dépend de α, de façon non-linéaire. On constate que le facteur de puissance du montage mixte est toujours supérieur au facteur du puissance du même montage tout thyristor, et c'est l'avantage que présentent les montages mixtes par rapport aux montages tout thyristor, et pour lequel ils sont les plus utilisés dans les variateurs de vitesse.

2.1.4 Tracé d'Ud (α) :

:

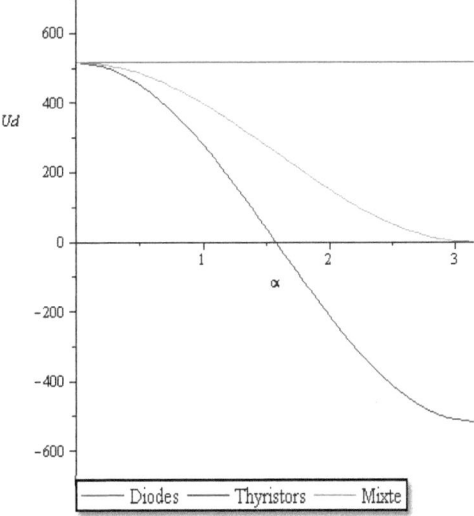

Figure III.10: Valeur moyenne de la tension redressée en fonction de α.

2.1.5 Tracé de Fs(α) :

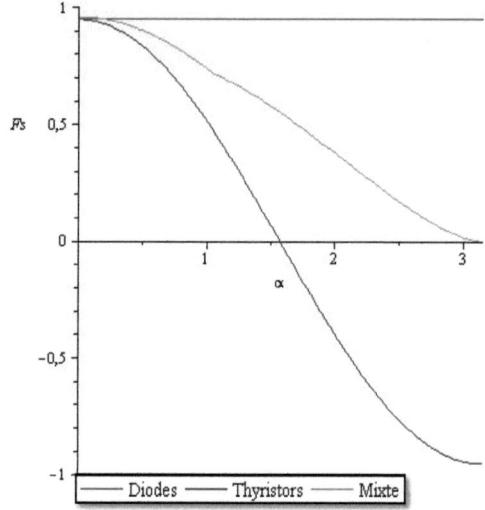

Figure III.11: Facteur de puissance au secondaire en fonction de α.

2.1.6 Conclusion :

Si on commande le redresseur mixte avec un angle de retard à l'amorçage α = 0, on déduit que le montage mixte se comporte exactement comme le montage à diodes, donc ce dernier est inclut dans le mixte.

Aussi que le mixte représente une tension redressée moyenne et un facteur de puissance plus élevé que celui du même montage tout thyristor, et c'est l'avantage que présentent les montages mixtes par rapport aux montages tout thyristor, et pour lequel ils sont les plus utilisés dans les variateurs de vitesse.

Le redresseur mixte ne peut jamais fonctionner en onduleur assisté.

2.2 Circuit de filtrage :

Le circuit LC assure le filtrage (réduction de l'ondulation) de la tension redressée et le lissage du courant de bus Id.

Si la charge étudiée est fortement inductive que le courant dans la charge est parfaitement lissé, on ne serait donc plus sensé de mettre une self pour lisser le courant.

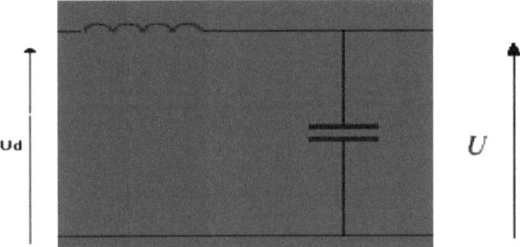

Figure III.12 : Circuit de filtrage.

Le condensateur stocke l'énergie pendant les pointes de tension et la redistribue pendant les creux.

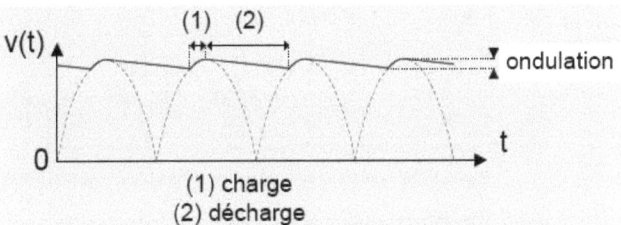

Figure III.13 : Tension redressée et filtrée.

Remarque :

La capacité du condensateur doit être la plus grande envisageable pour limiter les ondulations. En règle générale, quand le redresseur alimente une charge résistive de résistance R, plus le produit RC est grand, plus le filtrage est efficace.

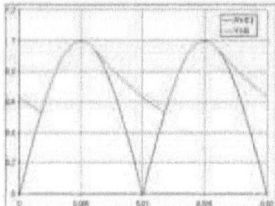

Figure III.14 : Valeur de RC petite.

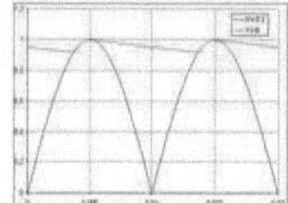

Figure III.15 : Valeur de RC importante.

RC : Taux de décharge du condensateur C dans la résistance R, exprimée en seconde (s).

2.3 Unité de freinage:

Pendant la phase de freinage le moteur fonctionne en génératrice (fonctionnement hypersynchrone), c'est-à-dire qu'il restitue de l'énergie au variateur, donc le moto-variateur se trouve dans le quadrant 1 ou 4.

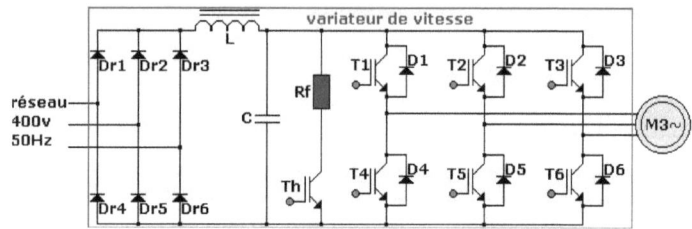

Figure III.16 : variateur de vitesse non réversible en courant(PD3).

Le circuit de freinage (Rf, Th, C), permet la dissipation de cette énergie à travers la résistance de freinage Rf, par le biais de charge et décharge de la capacité comme illustré dans la figure ci dessous, afin de protéger le variateur de vitesse.

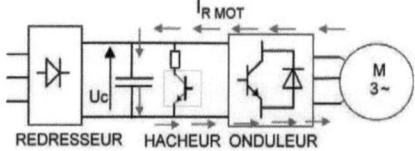

Figure III.17 : Charge de la capacité C.

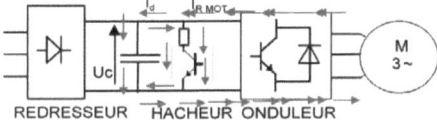

REDRESSEUR   HACHEUR ONDULEUR

Figure III.18 : Dissipation de l'énergie dans la résistance.

Le redressement de l'énergie alternative délivrée par la génératrice est assuré par le pond des diodes à la sortie du variateur, qui sont bloquées en cas de fonctionnement moteur.

Remarque :

L'énergie récupérée peut être renvoyé sur le réseau, à condition d'avoir un pond redresseur réversible en courant, dans ce cas on n'est plus besoin de l'unité de freinage (Tf, Rf).

2.4   Onduleur :

Un onduleur est un convertisseur qui transforme l'énergie électrique délivrée sous forme continue pour alimenter une charge en alternative.

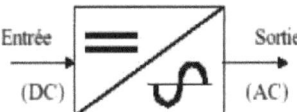

Entrée   Sortie

(DC)   (AC)

Convertisseur Continu (DC) - Alternatif (AC)

Figure III.19 : Symbole d'un onduleur.

Types d'onduleur :

Selon le type de la charge, on peut distinguer trois types d'onduleurs.

- **Onduleur non autonome ou assisté :** Il ne permet de varier ni la fréquence ni la valeur efficace de la tension à sa sortie car il est assisté par la charge qui peut aussi délivrer de la puissance, et qui lui impose la forme de signale qu'il délivre.

- **Onduleur à résonance** : La charge est constituée par un circuit oscillant.

- **Onduleur autonome** : Il ne suppose aucune caractéristique particulière de la charge, c'est l'onduleur le plus utilisé, car il peut varier la fréquence aussi que la valeur efficace de la tension aux bornes de la charge.

2.4.1 Principe de l'onduleur autonome :

Pour réaliser un onduleur autonome, il suffit de disposer d'un interrupteur inverseur K et d'une source de tension continue E comme le montre la figure ci-dessous.

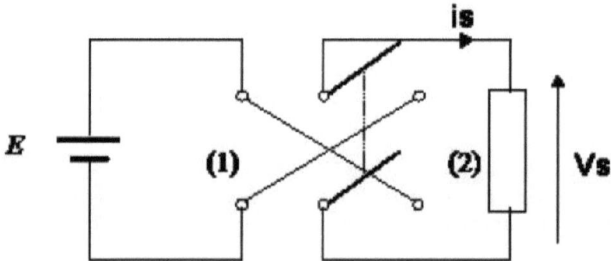

Figure III.20 : principe de l'onduleur autonome.

On obtient une tension alternative aux bornes de la charge en inversant périodiquement le branchement de la source sur la charge à l'aide de l'interrupteur inverseur K

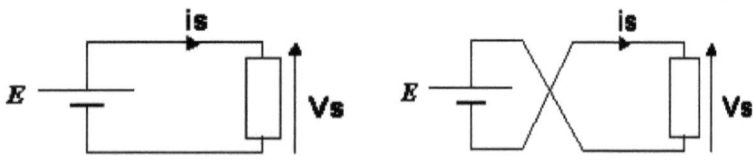

Figure III.21 : fonctionnement de l'interrupteur K

La forme de Vs sur une période complète de fonctionnement T :

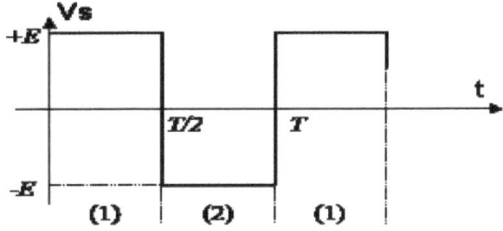

Figure III.22 : Tension Vs à la sortie de l'onduleur

La tension de sortie Vs n'est pas sinusoïdale, cette tension peut être considérée comme la somme d'un **fondamentale** (que l'on souhaite) et de tensions de fréquences multiples de celle du fondamental appelées les **harmoniques** (que l'on ne souhaite pas).

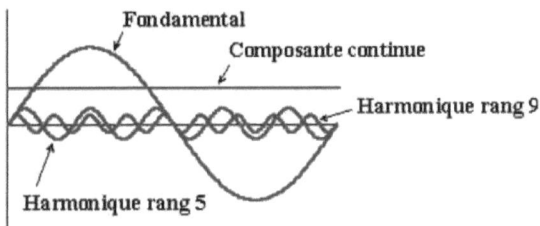

Figure III.33: Décomposition de Vs

Après un filtrage (filtre passe bas) pertinent qui consiste à éliminer tous les harmoniques constituant le signal de sortie, on pourra facilement extraire le signal fondamental(en prenant en considération les conditions concernant la commande afin de rendre le filtrage possible et facile).

Tout onduleur est Besoin d'une commande de ces interrupteurs électroniques pour assurer son fonctionnement.

2.4.2 Commande de l'onduleur :

L'onduleur autonome peut être commandé avec trois types de commandes à savoir :

- **Commande symétrique :**

    Présente l'avantage de simplicité de commande mais, la tension de sortie est riche en harmonique de rang faible donc de fréquence basse. Par conséquent le système de filtrage à mètre en œuvre sera difficile est encombrant.

- **Commande décalée :**

    Présente l'avantage d'une part faire varier la tension de sortie et d'autre part d'éliminer les harmoniques de rang faible donc faciliter le système de filtrage. Mais la mise en œuvre du système de la commande est très compliquée.

- **Commande PWM(MLI) :**

    Permet d'une part de faire varier la tension de sortie et d'autre part de réduire (en fait d'éloigner) le premier harmonique important. C'est-à-dire, d'envoyer les premiers harmoniques importants à une fréquence élevée. Ainsi, avec un simple filtre passe-bas du premier ordre, facile à réaliser, on pourra supprimer ces harmoniques indésirables, et extraire un fondamentale purement sinusoïdal. C'est la commande la plus utilisée.

2.4.3 Commande PWM(MLI) :

Principe :

On crée deux signaux :

1. Une tension de référence sinusoïdale de fréquence F (par exemple 50 Hz) et d'amplitude Vrm Variable, appelée modulante représente la tension fondamentale souhaitée.

2. Un signal triangulaire de fréquence Fc nettement supérieure à celle du réseau Fc >> F appelée porteuse (par exemple 10Khz) et d'amplitude Vtm.

Ces deux signaux sont comparés, Le résultat de la comparaison sert à commander les interrupteurs de l'onduleur.

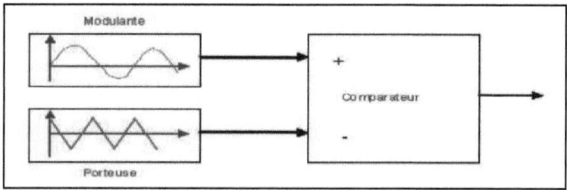

Figure III.24 : commande MLI sin

Il existe deux types de commande MLI sin à savoir :

1- La commande bipolaire dont la tension de charge varie entre +E et – E :

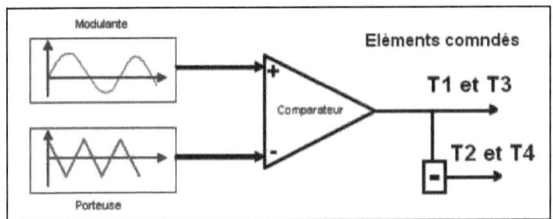

Figure III.25: Commande bipolaire d'un onduleur monophasé en pont

La figure ci-dessous illustre le montage d'un onduleur monophasé en pont à base de transistors(IGBT).

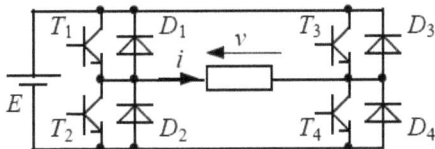

Figure III.26: Onduleur monophasé en pont

Avec Uch=V : Tension aux bornes de la charge.

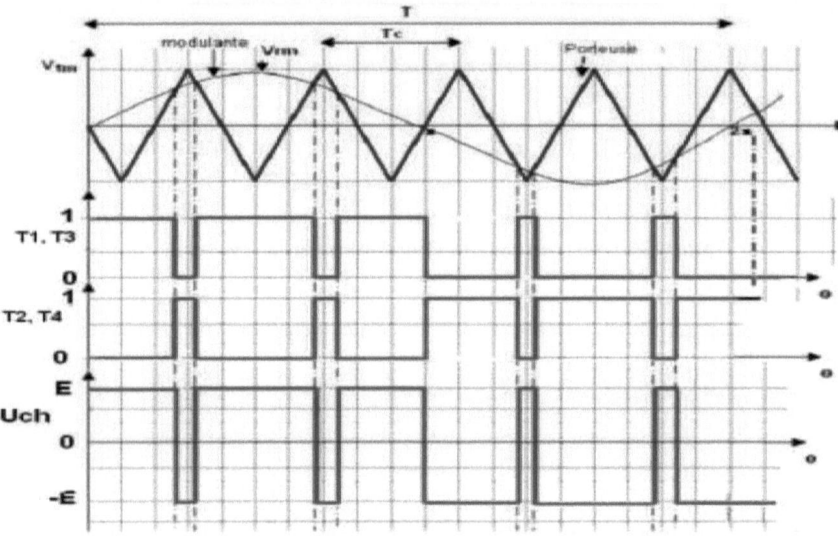

Figure III.27: Tension de sortie pour la commande bipolaire

2. La commande unipolaire dont la tension de charge bascule entre 0 et + E pendant l'alternance positive et entre 0 et E pendant l'alternance négative.

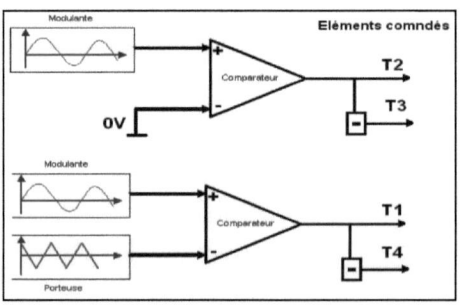

Figure III.28: Commande unipolaire d'un onduleur monophasé en pont

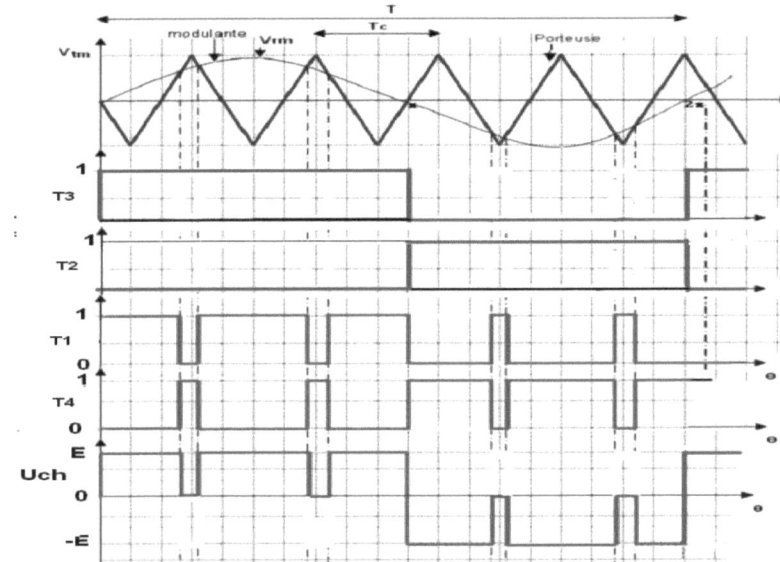

Figure III.29: Tension de sortie pour la commande bipolaire.

La commande unipolaire présente l'avantage d'un taux d'harmonique de moitié par rapport à la commande bipolaire. Par contre son inconvénient réside dans la difficulté de sa mise en œuvre.

Paramètres caractérisant la modulation MLI sin :

1- **r** : coefficient de réglage égal au rapport de la tension maximale de référence à la tension maximale de la porteuse.

$$r = \frac{Vrm}{Vtm}$$

2- **m** : l'indice de modulation en fréquence égal au rapport des fréquences.

$$m = \frac{T}{Tc} = \frac{Fc}{F}$$

Spectre de fréquence :

Le spectre de fréquence est la représentation de l'amplitude des harmoniques en fonction de leur rang.

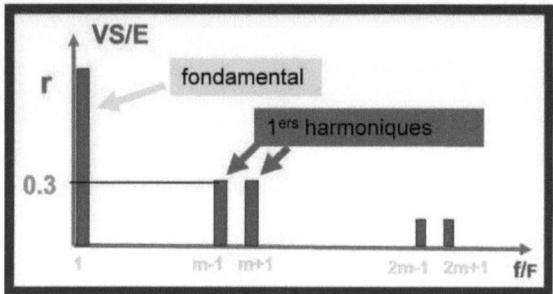

Figure III.30: Spectre de fréquence du signale sortie

La commande MLI décale les premiers harmonique vers les hautes fréquences en leur augmentant la fréquence, ce qui rend possible la restitution du fondamental par un filtre passe bas facile a concevoir, placé entre l'onduleur et la charge.

Si la charge est un moteur asynchrone, comme notre cas l'inductance propre du stator suffit généralement pour un filtrage convenable.

Caractéristique de la tension de sortie Uch :

D'après le diagramme spectral de fréquence on déduit que le fondamentale de la tension de sortie a pour expression :

$$Uch_1 = E\frac{Vrm}{Vtm}\left[\sin\left(2\,\pi\,F\,t\right)\right] = r\,E\left[\sin\left(2\,\pi\,F\,t\right)\right]$$

On peut donc constater que le fondamental de la tension de sortie *Uch* est proportionnel à la tension de référence, **donc variable en amplitude et en fréquence.**

CHAPITRE IV :

Simulation

à

l'aide du

logiciel PSIM

1. Présentation général du logiciel :

Simulation d'environnement de PSIM est interactive. Il permet aux utilisateurs de modifier les paramètres et surveiller simulation des formes d'onde dans le milieu d'une exécution de la simulation. Il est donc extrêmement facile à peaufiner un système jusqu'à ce que la performance désirée est atteint.

PSIM est un logiciel de simulation développé spécifiquement pour l'électronique de puissance et le moteur contrôle. Avec la simulation rapide, convivial interface et le traitement des signaux, PSIM fournit un puissant environnement et efficace pour électronique de puissance et de simulation de commande de moteur.

L'interface graphique utilisateur PSIM est intuitif et très facile à utiliser. Un circuit peut être facilement mis en place et édité. Les résultats de simulation peuvent être analysés facilement à l'aide de diverses fonctions de traitement de poste le programme d'affichage de forme d'onde.

Il comprend donc une bibliothèque assez importante de matériels et de composants du Génie Electrique : semi-conducteurs, transformateurs, moteurs, capteurs, sources de tension ou de courant, éléments passifs et fonctions électronique, logique ou mathématique.

Il est possible de connaître les caractéristiques des différents éléments par un simple double clic avec la souris mais aussi de les paramétrer ou de régler les conditions initiales.

Si un même sous-ensemble apparaît plusieurs fois, il est possible de créer un bloc fonction que l'on pourra alors réutiliser.

2.   Configuration du logiciel :

La version de base du logiciel PSIM intègre donc :

- un éditeur graphique avec sa bibliothèque,
- un simulateur avec lequel il est possible de paramétrer le temps de simulation,
- une interface de visualisation sur laquelle s'affiche les courbes et grâce à laquelle

On peut faire des opérations arithmétiques: mesures des valeurs instantanées, moyennes, efficaces ou même tracer des spectres de décomposition en série de
Fourier (FFT).

Cette configuration de base peut être complétée par 3 modules :

- une librairie de machines électriques,
- une librairie de fonctions de contrôle / commande numériques ou discrètes,
- un module permettant une simulation sous le logiciel Matlab / Simulink.

Il existe trois versions de logiciel :
- une version professionnelle,
- une version éducative,
- une version de démonstration.

3. Principe général d'utilisation :

Après avoir lancé le logiciel, il faut successivement :
- Dessiner le circuit ou le système à simuler.
- Attribuer des valeurs aux composants.
- Paramétrer la simulation souhaitée.
- Lancer l'exécution.
- Exploiter les résultats (généralement sous forme graphique).

✓ **Saisie de schéma et paramétrage :**

• **Lancer PSIM :**
Puis choisir : « file / new »

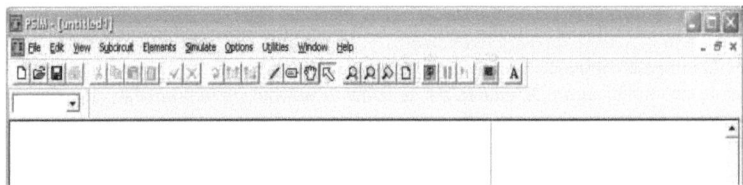

• **Choisir les composants :**
(Par exemple une diode)

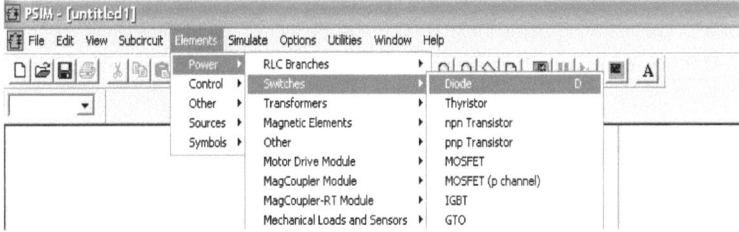

• **Les placer :**
(Rotation de 90° par clic droit ; chaque clic gauche place un composant ; sortie par appui sur « échap »)

Le générateur sinusoïdal et la résistance peuvent être pris directement sur la barre d'outils du bas de la fenêtre.

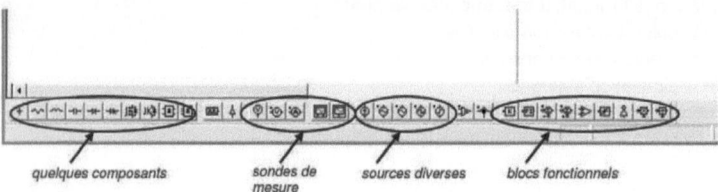

quelques composants   sondes de mesure   sources diverses   blocs fonctionnels

- **Tracer les liaisons** :
(« edit / w ire », *ou bouton adéquat)*

- **Attribuer des valeurs aux composants :**
(faire un double clic sur l'élément à renseigner)
      Dans la boite de dialogue, il est inutile de taper l'unité, elle est implicite pour le logiciel ; on peut choisir ou non l'affichage des valeurs sur le schéma (cocher ou non la case display dans la boite de dialogue).
Voir ci-contre une vue du schéma après annotations.

- **Paramétrer la simulation :**
      Ouvrir la boite de dialogue du contrôle de simulation : « sim ulate / simulation control »
Choisir une durée de simulation de 40ms (total time)

      Laisser les valeurs par défaut des autres paramètres pour le moment.

      La version d'évaluation ne permet que 6000 points de calcul ; il est nécessaire de choisir « time step » plus grand que « total time »/6000 (dans le cas contraire, le logiciel ne travaille que jusqu'à 6000 × time step).

   ✓ **Simulation et exploitation :**

- **Lancer la simulation :** Par « sim ulate / run sim ulation » (ou par appui sur F8)
      La fenêtre de visualisation des résultats apparaît, ainsi qu'une boite permettant de sélectionner la (ou les) courbes à afficher sur le même graphe.

      Sélectionner les 2 variables disponibles, puis cliquer sur « add , afin de les activer pour l'affichage. Afin de rendre plus aisée la copie d'écran vers un document imprimable, choisir un fond blanc : (« option / set background / white »)

4. Commande MLI pour onduleur triphasé :

4.1 Schéma :

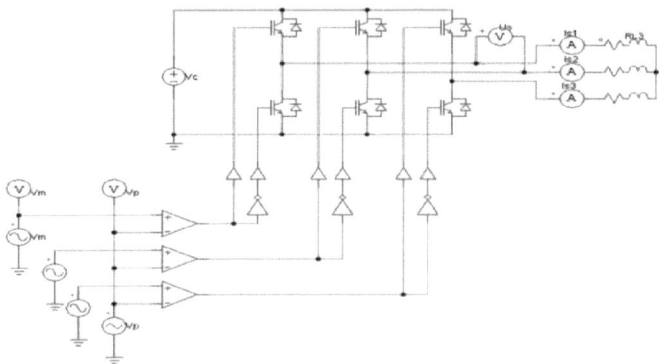

La porteuse en dents de scie est comparée avec les tensions de référence qui sont déphasés entre eux de 120°, le résultat de cette comparaison organise la commutation des transistors avec la quelle on obtient le signal impulsionnel correspondant, dont on peut extraire le fondamentale a travers un simple filtre passe-bas.

La fréquence ainsi que la valeur efficace du fondamentale dépendent du signale de référence.

4.2 Allure de la tension et du courant de sortie :

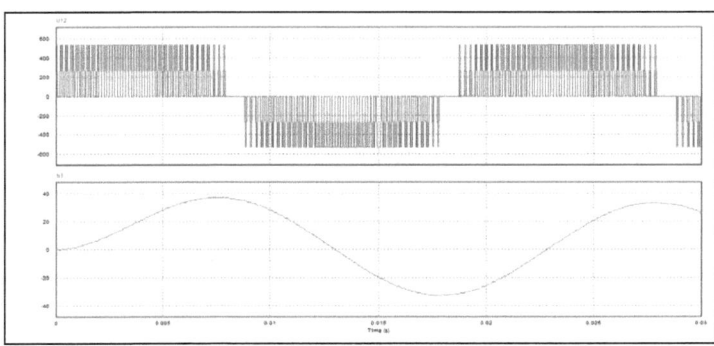

Figure IV.1: Tension de sortie Us (U12) et courant de phase 1 (is1)

4.3 Simulation PSIM :

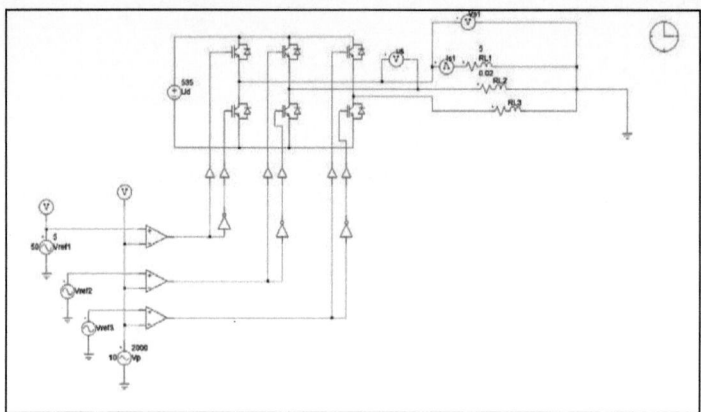

Figure IV.2 : Simulation Onduleur triphasé avec PSIM

- **Caractéristiques du courant :**

  Le courant à la sortie de l'onduleur dépend du facteur de modulation et du type de la charge :

$$m = \frac{T}{Tc} = \frac{Fc}{F}$$

Fc : fréquence du signal modulé(en dents de scie).

F : fréquence du signal modulant (sinusoïdal).

Fc>>F.

- **Influence de la charge sur is(t) :**
  - ➤ **Cas1 : Charge résistif :**

    *m=1

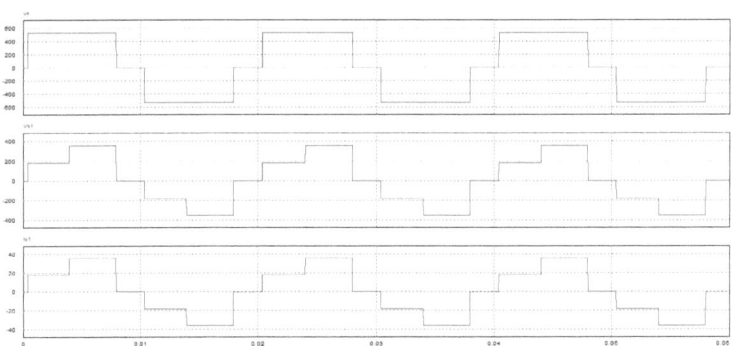

Figure IV.3 : Tension de sortie Us (U12), tension simple Vs1 et courant de phase 1 (is1)

* m=100

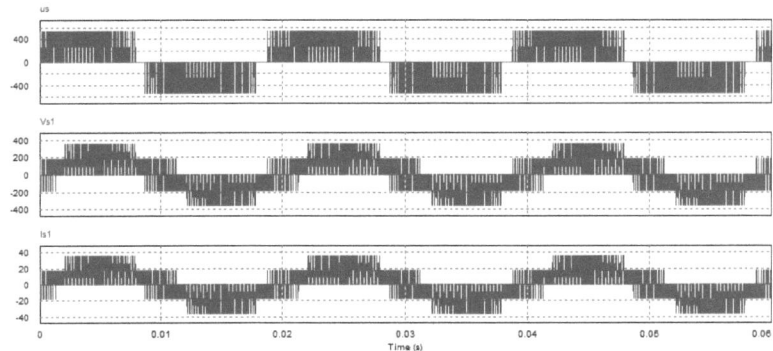

Figure IV.4 : tension de sortie Us (U12), tension simple Vs1 et courant de phase 1 (is1).

- **Conclusion :**

On constate que si la charge est résistive le courant ne sera pas parfaitement (lissé) sinusoïdal mais il suit la tension (simple V), c-à-dire qu'il prend La même forme d'allure qu'elle, même si on varie le facteur de modulation m

> **Cas 2 : Charge inductive(RL) :**

*m=3

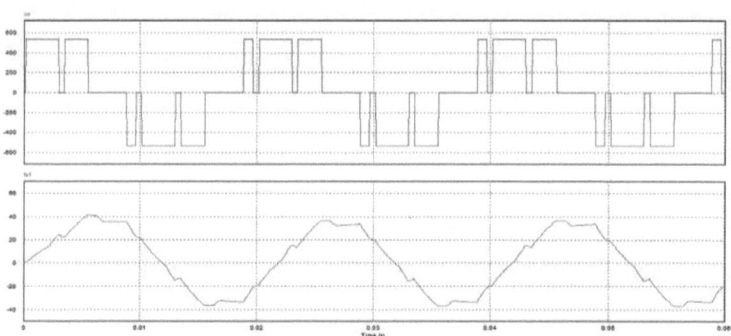

Figure IV.5 : Tension de sortie Us (U12) et courant de phase 1 (is1)

*m=100

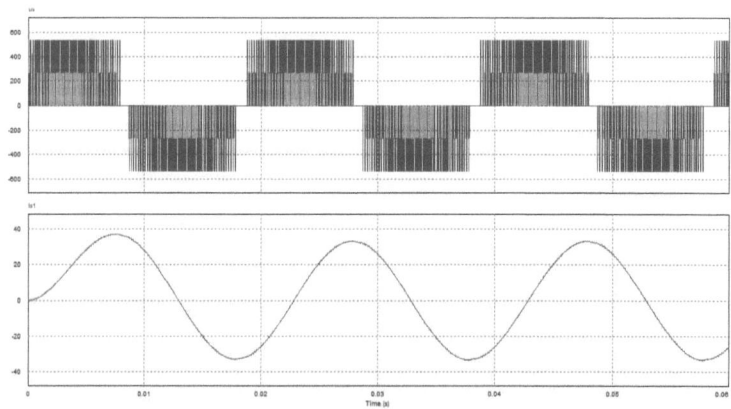

Figure IV.6 : Tension de sortie Us (U12) et courant de phase 1 (is1)

- **Conclusion :**

   On constate que pour une charge inductive (ex : moteur asynchrone) le courant est sinusoïdale et plus le facteur de modulation est important, plus le courant est lisse, c-à-dire que les harmoniques deviennent négligeables devant le fondamental.

CHAPITRE V :

Partie

pratique

Variateur PowerFlex 700

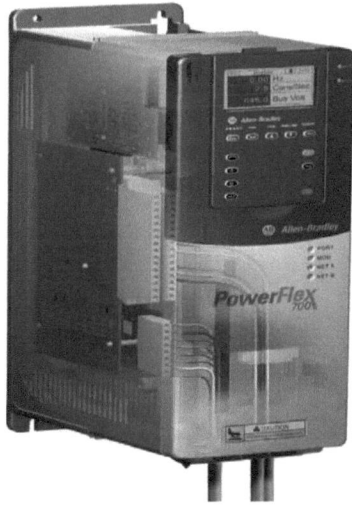

Figure V.1 : Variateur de vitesse PowerFlex 700

1-   Description :

Le PowerFlex 700 est un variateur c.a. polyvalent, aux performances exceptionnelles, bien plus simple à utiliser que tout autre variateur de cette catégorie. Il présente en outre le format compact et le prix avantageux, caractéristiques de la gamme PowerFlex. Il est conçu pour commander des moteurs à induction triphasés dans les applications de commande de vitesse les plus simples comme dans les applications de commande de couple les plus complexes.

2-   Domaines d'application :

• Pompes et ventilateurs,
• Mélangeurs,
• Convoyeurs et palettiseurs,
• Extrudeuses hautes performances,
• Gestion d'enroulage/déroulage et contrôle de tension,
• Elévateurs/monte-charge,
• Centrifugeuse.

3- Démontage :

3.1 Redresseur :

Figure V.2 : Pont redresseur du variateur de vitesse PowerFlex 700

Le pond redresseur du PowerFlex 700 est constitué de deux parties :
- Partie puissance,
- Partie command.

Partie puissance :
La partie puissance est constitué par trois bras alimentés directement par le réseau triphasé, chaque bras contient deux thyristor comme indique la photo ci- dessous :

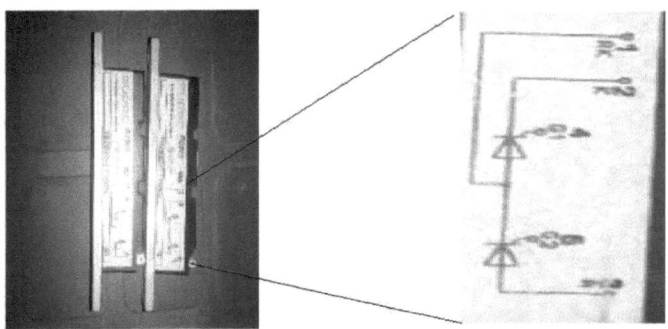

Figure V.3 : Bras de pont redresseur du variateur de vitesse PowerFlex 700

Partie commande :

Figure V.4 : Carte de commande du pont redresseur du variateur de vitesse PowerFlex 700

La photo ci-dessus présente la carte de commande du pond redresseur PowerFlex 700, chaque bras est attaqué par deux fils rouge désignés pour donner des impuations aux gâchettes des deux thyristors et deux fils blancs qui réagit sur les anodes des thyristors afin de les amorcer pour le redressement de la tension sinusoïdal du réseau.

3.2 Filtrage :

La photo ci-dessous présente le circuit de filtrage qui contient deux condensateurs pour la stabilisation de la tension redressée.

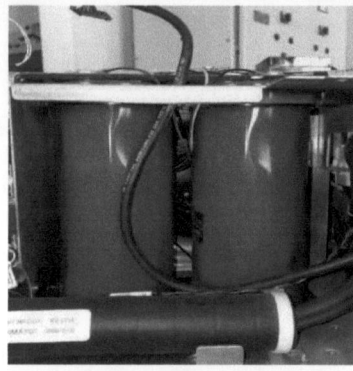

Figure V.5 : Les capacités du filtrage pour le variateur de vitesse PowerFlex 700

3.3 Onduleur :

Le pond onduleur est constitué aussi de deux parties :

- Partie puissance,
- Partie commande.

Parie puissance :

Figure V.6 : Pont onduleur du variateur de vitesse PowerFlex 700

La partie de puissance est constitué par trois bras, chaque bras contient deux transistors IGBT en parallèle avec diodes.

Partie commande :

Figure V.7 : Carte de commande du pont onduleur du variateur de vitesse PowerFlex 700

La carte ci-dessous est responsable de la commande les interrupteurs de l'onduleur par le module de largeur d'impulsion (MLI).

4-   Travaux de réparation effectués :

Le service de réparation est responsable de la réparation des variateurs retourné de chez le client. Les défauts sont soit affichable ou non.

Les défauts les plus présents dans les variateurs de vitesse sont :

Type de variateur	Défaut	Solution
Power Flex 700	Surchauffe Radiateur	• Vérifier que le condensateur est bien alimenté • Faire démonter le variateur complètement et le nettoyer.
Power Flex 700	Défaut de terre	• Vérifier le câblage au niveau du variateur • Vérifier le câblage au niveau du moteur • Changement du Pont onduleur avec son carte
Power Flex 700	Défaut MCB	• Rétablisser les paramètres par défaut. • Reprogrammer les paramètres
Power Flex 700	Le variateur ne détecte aucun défaut le moteur s'excite mais ne tourne pas car le ventilateur ne s'alimente pas	• changement du ventilateur
Power Flex 700	Checksum 2 EEPROM (défaut carte)	• changer tout les cartes du ventilateur • Remplacer le variateur
Power Flex 700	Phase court circuité	• Changement du variateur

Mais il existe un guide de réparation.

Lors d'un défaut au niveau du variateur de vitesse un code d'erreur s'affiche sur l'écran LCD, il suffit donc que l'agent de réparation suit le guide de réparation afin de résoudre le problème.

Défaut	Nº	Type[1]	Description	Action
Entrée Auxiliaire	2	①	Le verrouillage de l'entrée auxiliaire est ouvert.	Vérifiez le câblage extérieur.
Surcharge moteur	7	① ③	Déclenchement d'une surcharge électronique interne. Validé/Inhibé par [Config. Défaut 1].	Une charge excessive du moteur existe. Réduire la charge afin que le courant de sortie du variateur n'excède pas le courant autorisé par [Int Nom Moteur].
Survitesse	25	①	Des fonctions telles que la compensation de glissement ou la régulation du bus ont tenté d'ajouter une correction de fréquence de sortie supérieure à celle programmée dans [Survitesse].	Diminuez les conditions de charge excessive ou entraînante ou augmentez [Survitesse].
Surintens Soft	36	①	Le courant de sortie du variateur a dépassé la valeur nominale d'intensité pour 1 ms. Cette valeur nominale est supérieure à la valeur nominale d'intensité pendant 3 secondes et inférieure au niveau du défaut de surintensité matériel. Typiquement elle vaut 200 à 250 % de la puissance nominale permanente du variateur.	Vérifiez que la charge n'est pas excessive ou que le réglage du boost c.c. est correct ou que la tension de freinage c.c. n'est pas trop élevée.
Plage Tension RI	77		L'état par défaut du réglage automatique est « Calcul » et la valeur calculée par la procédure de réglage automatique pour la chute de tension RI n'est pas dans la plage des valeurs acceptables.	Entrez à nouveau les données nominales du moteur.
Plage Réf I Flux	78		La valeur du courant de magnétisation déterminée par la procédure de réglage automatique dépasse [Int Nom moteur] programmée.	1. Reprogrammez [Int Nom Moteur] avec la valeur correcte de la plaque moteur. 2. Répétez le réglage automatique.

Figure V.8 : Une partie du guide de réparation

4.1 Diagnostic de la partie puissance des variateurs de vitesse :

Dans l'atelier de réparation le diagnostic se fait seulement pour la partie puissance.

Mais il vient d'avoir les matériels de teste des cartes électroniques. Et il ne reste que la formation des gens de réparation.

Lors de diagnostic des variateurs de vitesse il faut suivre les étapes suivantes :

Avant tout On vérifier que le variateur est bien alimenter, et il ne y'a pas de court circuit entre R, S,T. et On vérifier que le moteur est bien alimenter, et il ne y'a pas de court circuit entre U, V,W.

4.1.1 Diagnostic du redresseur :

- **Comment tester un bras de redresseur :**

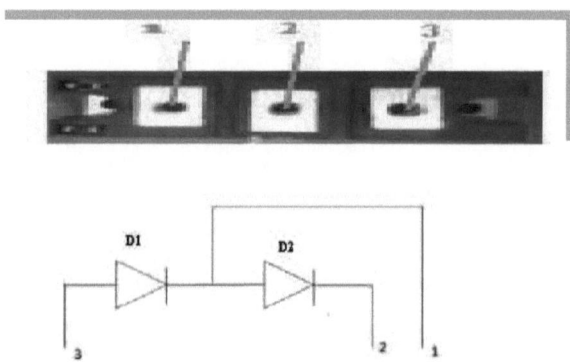

Figure V.9 : Bras d'un redresseur non commandé

- Si on a un bras de diodes il faut trouver que chaque diode est passante dans un sens et bloquer dans l'autre sens.

Pour chaque diode il faut trouver les valeurs suivantes :

De	3	à	1	0 ,3 V
De	1	à	3	Infini
De	1	à	2	0 ,3 V
De	2	à	1	Infini

- Si on a un bras de thyristors :

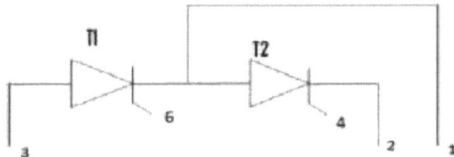

Figure V.10: Schéma synoptique du bras d'un redresseur commandé

Pour tester par exemple le Thyristor T1 :

- On place le pole + du multimètre en 3 (anode) et le pole - en 1(cathode) et on envoi une impulsion sur le 6(gâchette).

Il faut qu'on trouve une continuité.

- On place le - du multimètre en 3 et le + en 1 et on envoi une impulsion sur le 6(gâchette) .

il faut trouver une valeur infini.

- Comment tester un Pont redresseur dans un variateur :

Pour s'assurer du bon fonctionnement du redresseur du variateur il faut tester la tension aux bornes des 6 diodes .

De	L1 ; L2 ; L3(fil rouge du multimètre)	à	DC+ (fil noir du multimètre)	0 ,3 V
De	L1 ; L2 ; L3(fil rouge du multimètre)	à	DC- (fil noir du multimètre)	0 ,3 V

De L1 ; L2 ; L3 à DC+ on mesure les tensions aux bornes des diodes à anodes commun.

De L1 ; L2 ; L3 à DC- on mesure les tensions des diodes à cathode commun.

Si on inverse les fils du multimètre il faut qu'on trouve :

De	L1 ; L2 ;L3(fil noir du multimètre)	à	DC+ (fil rouge du multimètre)	Infini
De	L1 ; L2 ;L3 (fil noir du multimètre)	à	DC- (fil rouge du multimètre)	Infini

Figure V.11: Bus DC

4.1.2 Diagnostic du circuit intermédiaire :

Pour s'assurer que la capacité et l'inductance sont en bonne état, On effectue les tests suivants :

- La capacité doit se charger dans un sens et se décharge dans l'autre sens.

Pour tester le condensateur il faut mesurer la tension entre ses deux bornes en arrêt du variateur de vitesse.

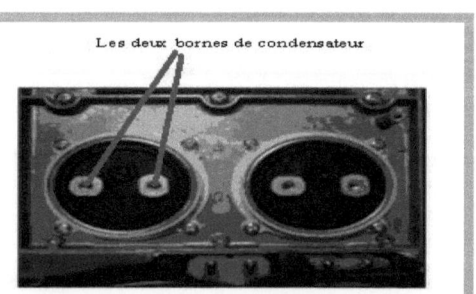

Figure V.12: Condensateur de filtrage

Il faut trouver que la tension augmente dans un sens et si en inverse les fils du multimètre cette valeur doit diminuer.

- L'inductance doit avoir une résistance nulle.
-

4.1.3 Diagnostic du Pont onduleur :

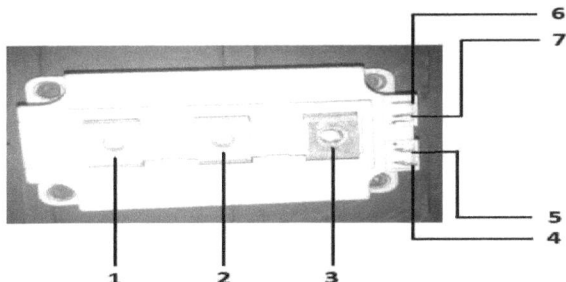

Figure V.13: Bras de l'onduleur du variateur de vitesse PowerFlex 700

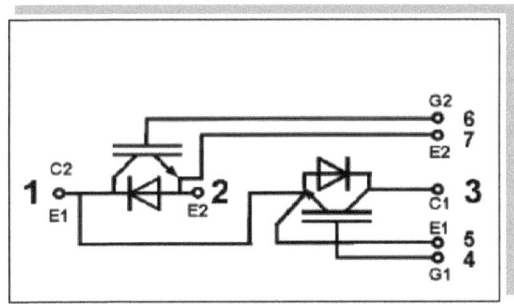

Figure V.14: Schéma synoptique d'un bras d'onduleur

Pour s'assurer du bon fonctionnement d'onduleur du variateur il faut tester la tension aux bornes des diodes.

De	R, S, T (fil rouge du multimètre)	à	DC+ (fil noir du multimètre)	0 ,3 V
De	R, S, T (fil rouge du multimètre)	à	DC- (fil noir du multimètre)	0 ,3 V

De R, S, T à DC+ on mesure les tensions aux bornes des diode à anodes commun

De R, S, T à DC- on mesure les tensions des diodes à cathode commun

Si on inverse les fils du multimètre il faut qu'on trouve :

De	R, S, T (fil rouge du multimètre)	à	DC+ (fil noir du multimètre)	infini
De	R , S, T (fil rouge du multimètre)	à	DC- (fil noir du multimètre)	infini

4.2   Paramétrage :

Le paramétrage du PowerFlex 700 se fait par Le logiciel Drive Explorer d'Allen-Bradley qu'est un outil de programmation en ligne convivial et économique, conçu pour fonctionner avec les systèmes d'exploitation Microsoft® Windows™ 95/98, Windows NT™ (4.0 ou ultérieur) et Windows CE (2.0 ou 2.11). Il fournit à l'utilisateur des outils pour surveiller et configurer les variateurs PowerFlex et les paramètres des adaptateurs de communication.

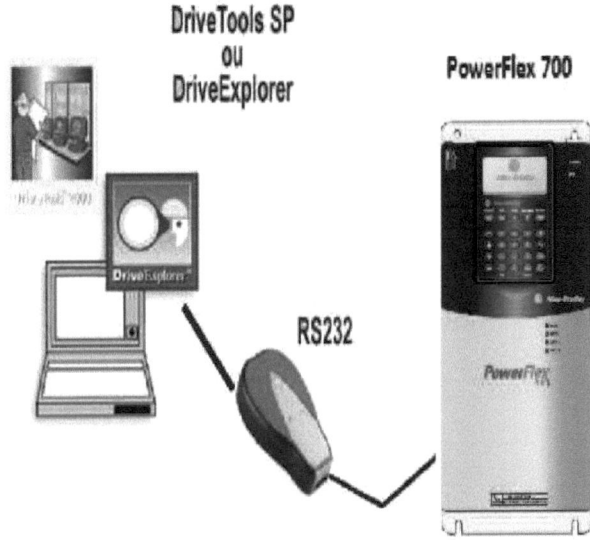

Figure V.15 : Plan de connexion avec PowerFlex 700

D'abord on branche le variateur de vitesse power flex avec le PC à l'aide d'un câble de connexion comme l'indique l'image précédente afin d'établir une connexion réseau.

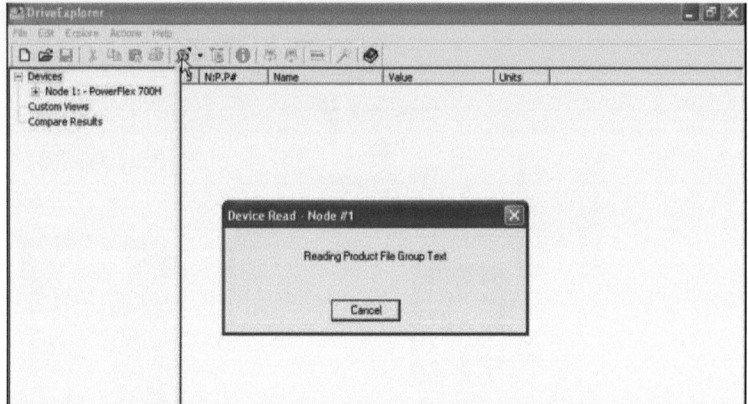

Figure V.16 : Vue du logiciel drive explorer

Figure V.17: PowerFlex 700H en défaut

- Si le variateur de vitesse est en défaut, on l'efface comme l'indique l'image suivante :

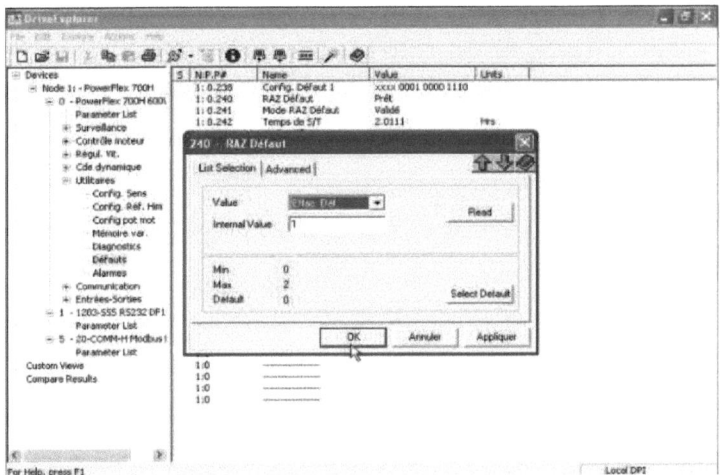

Figure V.18: Comment effacer les défauts du VV

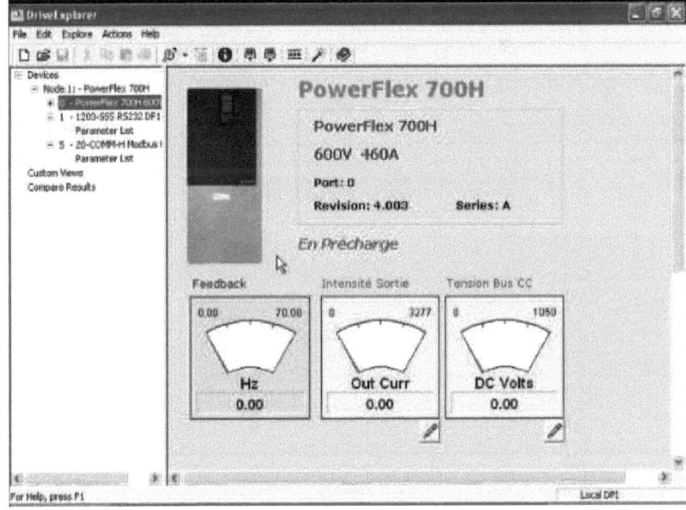

Figure V.19: PowerFlex 700H en recharge

- Comme vous voyez le VV est prés pour l'utilisation.
- Ensuite, on règle les données moteur à partir du schéma unifilaire (puissance intensité ...).

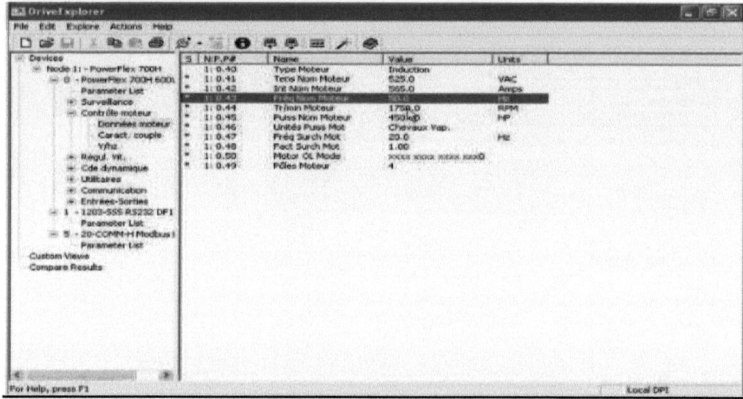

Figure V.20: Comment modifier la commande dynamique

- Dans la commande dynamique, on règle la valeur limite de l'intensité par la formule suivante : (Int*1,2=val Lim Int) selon le schéma du câblage.

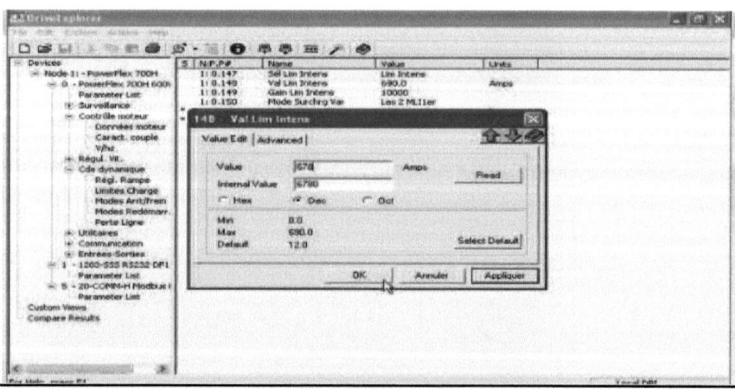

Figure V.21: Pour saisir les limites de charge

- Il faut régler les entrées /sorties analogique et digital.

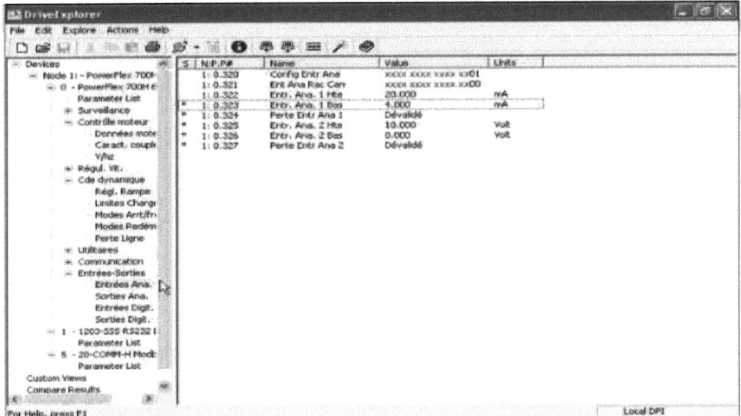

Figure V.22: Saisi Des entrées/sorties analogiques et digitales

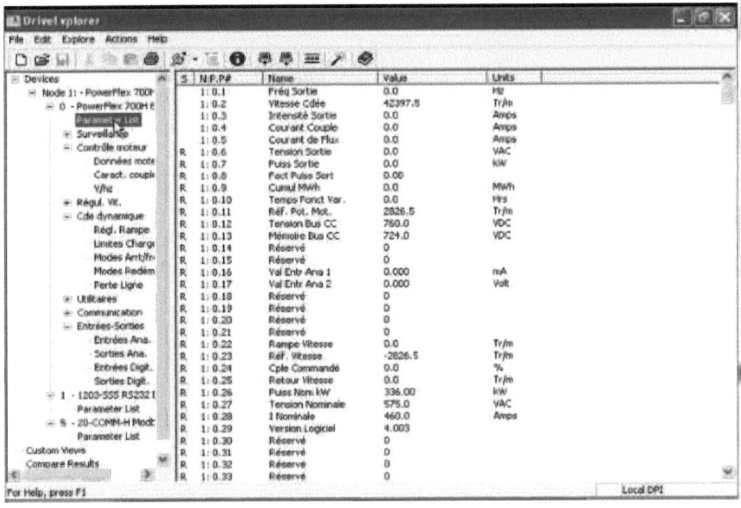

Figure V.23: La liste des paramètres du variateur

- Finalement, en charge (upload) le programme et on l'injecte dans le VV.

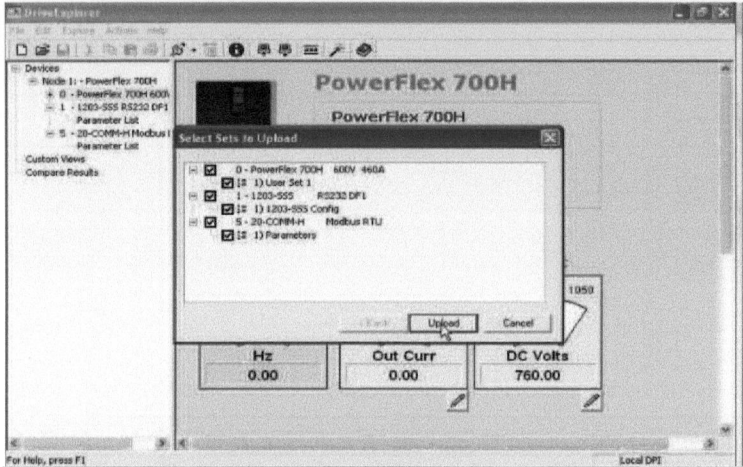

Figure V.24: Comment charger le VV

CHAPITRE VI :

Application

Réalisée

1.   Architecture du système d'automatisme :

Dans notre application on veut commander un variateur de vitesse de type PowerFlex 70 via un automate programmable MicroLogix 1100 comme indiquée sur l'architecture ci-dessus.

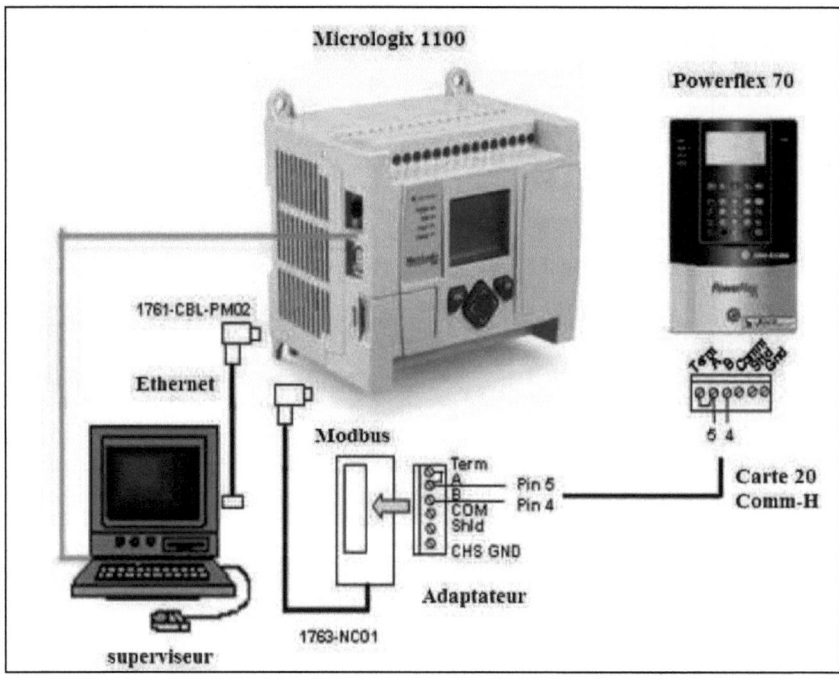

Figure VI.1: Plan d'architecture

2. Variateur PowerFlex 70 :

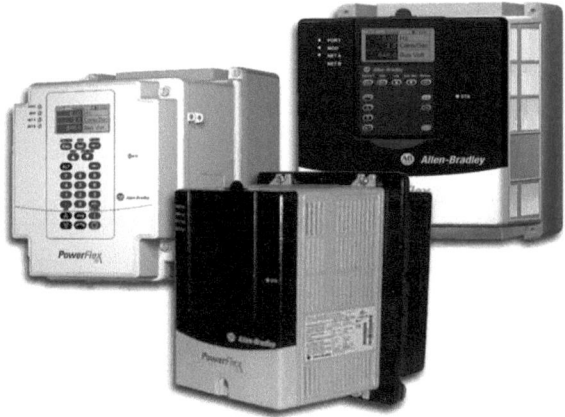

Figure VI.2: PowerFlex 70

Dans un ensemble compact, le PowerFlex 70 d'Allen-Bradley apporte la puissance, la commande et l'interface opérateur qui répondent aux besoins d'espace pour le client, de simplicité et de fiabilité, tout en offrant un vaste choix de fonctions permettant à l'utilisateur de configurer facilement le variateur pour les exigences de la plupart des applications.

Parmi ses avantages :
- Flexibilité de configuration et de montage,
- Particularités du matériel économisant de l'espace,
- Utilitaires d'interface opérateur faciles à utiliser,
- Fonctions de commande et de performance,
- Contrôle évolué,
- Excellentes capacités de communication réseau.

2.1 Spécifications :

Commande des E/S	• 6 entrées TOR programmables
	  – 24 V c.c. NPN/PNP (adaptateur 115 V c.a. disponible)
	• 2 relais forme C programmables
		• 2 entrées analogiques
		  – 1 unipolaire 0-10 V ou 4-20 mA
		  – 1 bipolaire –10 à +10 V ou 4-20 mA
		• 1 sortie analogique (0-10 V)
			• Commande évoluée
			  1 sortie analogique
			  10 V ou 4-20 mA

Normes	• Listé UL et cUL (CSA) • UL508C pour les plénums (type à bride seulement) • C-Tick (sauf 600 V) • NSF (IP66, Type 4X/12 seulement)	• Marquage CE (sauf 600 V) • CEM – Basse tension	EN61800-3 EN60204-1/EN50178
Caractéristiques d'entrée	Tension triphasée : Fréquence : Tenue de la logique aux microcoupures :	200-240 V / 380-487 V / 500-600 V ±10 % 47 à 63 Hz ≥ 0,5 secondes	
Caractéristiques de sortie	Tension : Plage de fréquence : Intensité de surcharge :	Réglable de 0 V à la tension nominale du moteur 0 à 400 Hz Jusqu'à 110 % pendant 60 secondes, 150 % pendant 3 secondes	
Coffret et températures ambiantes de fonctionnement	Montage sur panneau – IP20, NEMA Type 1 Montage mural/machine – IP66, NEMA Type 4X/12 Montage par bride	0 à 50 °C (32 à 122 °F) 0 à 40 °C (32 à 104 °F) 0 à 50 °C (32 à 122 °F)	

Borniers des E/S standard

N°	Signal	Valeur Par défaut	Description	Param. associé
1	Sél Entr Dig 1	Arrêt – CF (CF = Raz Défaut)	11,2 mA @ 24 V c.c. Etat activé 19,2 V minimum Etat désactivé 3,2 V maximum	361 - 366
2	Sél Entr Dig 2	Marche	Important : utiliser uniquement du 24 V c.c., ne convient pas pour des circuits 115 V c.a.	
3	Sél Entr Dig 3	Auto / Man	Les entrées peuvent être câblées en polarité NPN ou PNP.	
4	Sél Entr Dig 4	Sélect. Vit.1	Voir page 8.	
5	Sél Entr Dig 5	Sélect. Vit.2		
6	Sél Entr Dig 6	Sélect. Vit.3		
7	Commun 24 V	–	Alimentation fournie par le variateur pour les entrées digitales 1-6.	
8	Commun Entrée Dig.	–	Voir les exemples en page 8.	
9	+24 V c.c.	–	Charge maximum 150 mA.	
10	Référence Pot. +10 V	–	Charge minimum 2 kOhms.	
11	Sortie Dig. 1 – N.O.[1]	Sans défaut	Charge résistive maxi. Charge inductive maxi. 250 V c.a. / 30 V c.c. 250 V c.a. / 30 V c.c. 50 VA / 60 watts 25 VA / 30 watts	380 - 387
12	Commun Sortie Dig. 1			
13	Sortie Dig. 1 – N.F.[1]	Défaut	Charge c.c. minimum 10 µA, 10 mV c.c.	

Figure VI.3 : Description des E/S

2.2 Voyant d'état du variateur :

Nom	Couleur	Etat	Description
STB	Vert	Clignotant	Le variateur est prêt, mais n'est pas en marche et il n'y a pas de défaut présent.
		Fixe	Le variateur est en marche, il n'y a pas de défaut présent.
	Jaune	Clignotant, variateur arrêté	Une condition d'alarme de type 2 est présente, le variateur ne peut pas être démarré. Vérifiez le paramètre 212 [Alarme Var. 2].
		Clignotant, variateur en marche	Une condition intermittente d'alarme de type 1 se produit. Vérifiez le paramètre 211 [Alarme Var. 1].
		Fixe, Variateur en fonctionnement	Une condition d'alarme de type 1 existe en permanence. Vérifiez le paramètre 211 [Alarme Var. 1].
	Rouge	Clignotant	Un défaut s'est produit.
		Fixe	Un défaut irrécupérable s'est produit.
PORT MOD NET A NET B	Reportez-vous au manuel utilisateur de l'adaptateur de communication.		Etat des communications internes sur le port DPI (s'il existe).
			Etat du module de communication (lorsqu'il est installé).
			Etat du réseau (s'il est connecté).
			Etat du réseau secondaire (s'il est connecté).

Figure VI.4 : Caractéristiques des voyants d'état du variateur

3. L'automate programmable Micrologix 1100 :

3.1 Description :

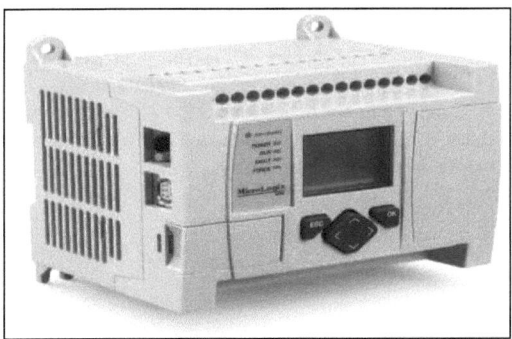

Figure VI.5 : Micrologix 1100

Le Micrologix 1100 rassemble toutes les fonctions régulièrement attendues d'un automate compact.

Avec l'édition en ligne et un port Ethernet/IP 10/100 Mbits/s intégré pour la messagerie d'égal à égal, il ajoute une plus grande connectivité et un domaine d'application plus vaste à la gamme des automates MicroLogix d'Allen-Bradley.

L'écran LCD intégré de cet automate de nouvelle génération affiche l'état de l'automate, l'état des E/S et des messages opérateur simples ; il permet les manipulations de bits et d'entiers, offre une fonction de potentiomètre numérique de correction et la possibilité d'effectuer des modifications de mode d'exploitation.

Avec 10 entrées TOR, 2 entrées analogiques et 6 sorties TOR, le MicroLogix 1100 peut gérer un vaste choix de tâches.

Les automates prennent en charge l'extension des E/S. Jusqu'à quatre modules d'E/S 1762 (également utilisés par l'automate MicroLogix 1200) peuvent être ajoutés au E/S intégrées, pour fournir une flexibilité d'application accrue et prendre en charge jusqu'à 80 E/S TOR.

En combinant toutes les fonctions qui ont fait le succès des automates MicroLogix existants avec l'Ethernet/IP industriel, le réseau intégré DH-485/Modbus RTU et la possibilité pour l'opérateur de contrôler le programme via l'écran LCD, l'automate MicroLogix 1100 couvre probablement tous vos besoins... Et encore plus.

Il est idéal pour un vaste choix d'applications et répond particulièrement bien aux besoins des applications de RTU SCADA, de conditionnement et de manutention. Avec encore plus de mémoire que le MicroLogix 1500 pour l'enregistrement des données et des recettes, le MicroLogix 1100 convient parfaitement à la surveillance à distance et aux applications consommatrices de mémoire mais nécessitant des E/S limitées.

D'autres caractéristiques importantes incluent un port combiné isolé RS-232/RS-485, un compteur intégré à haute vitesse 20 kHz (sur les automates à entrées cc), deux sorties PTO/MLI à haute vitesse 20 kHz (sur les automates à sorties cc), 4 Kmots de mémoire programme utilisateur et 4 Kmots de mémoire données utilisateur, jusqu'à 128 Ko pour l'enregistrement de données et 64 Ko pour les recettes et un serveur web intégré.

3.2 Constitution :

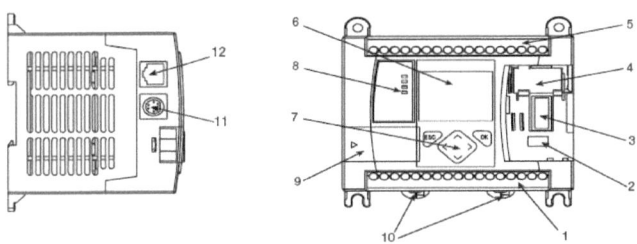

Repère	Description
1	Bornier de sortie
2	Connecteur de la pile
3	Interface du connecteur de bus vers les E/S d'extension
4	Pile
5	Bornier d'entrée
6	Afficheur LCD
7	Pavé numérique de l'afficheur LCD (ESC, OK, Vers le haut, Vers le bas, Vers la gauche, Vers la droite)
8	Voyants d'état
9	Couvercle du port de module mémoire [1] -ou- Module mémoire[2]
10	Loquets de verrouillage pour montage sur rail DIN
11	Port de communication RS-232/485 (voie 0, isolée)
12	Port Ethernet (voie 1)

[1] Fourni avec l'automate.

[2] Equipement en option

Figure VI.6 : Constitution de l'automate MicroLogix 1100

3.3 Caractéristique s:

MicroLogix 1100	1763-L16AWA	1763-L16BWA	1763-L16BB
Alimentation	120/240Vac		
Mémoire	RAM avec batterie non volatile 4Kmots programme utilisateur/4Kmots mémoire données		
Entrées TOR	10 entrées 120Vac	6 entrées 24Vdc, 4 entrées rapides 24Vdc	
Entrées Analogiques	2 entrées en local		
Sorties TOR	6 sorties relais		2 sorties relais, 2 sorties transistor 24Vdc, 2 sorties rapides 24Vdc
Ports de communication	1 port RS232/ 1 port RS-485/ 1 port 10/100T		
Protocoles de communication	DF1 Full Duplex, DF1 Half Duplex Maître/Esclave, DF1 Radio Modem, DH-485, ModBus RTU Maître/Esclave ASCII, Ethernet/IP		
PID	oui (plusieurs boucles limitées seulement par le programme et la mémoire)		
Entrées rapides	4 entrées @ 20kHz		
Sorties MLI/PTO	2 sorties @ 20kHz		
Autres fonctionnalités	Ecran LCD intégré, fichier de données à virgule flottante, édition en ligne, 2 potentiomètres, horloge temps réel intégrée		

Figure VI.7 : Caractéristiques du Micrologix 1100

3.4 Interfaces de communication :

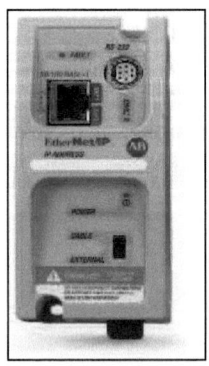

Figure VI.8 : Interfaces de communication du MicroLogix 1100

Les deux interfaces ENI et ENIW fournissent une compatibilité Ethernet/IP, permettant ainsi l'échange d'informations avec d'autres automates Ethernet Allen-Bradley dans une relation d'égal à égal, qui élimine le besoin d'un dispositif de type maître

Le port 10 Base-T avec diodes intégrées permet une connexion à votre réseau au moyen de n'importe quel câble Ethernet RJ45 standard, et les diodes intégrées de visualiser facilement l'état de la liaison et de la transmission/réception.

Le port RS-232 apporte une isolation et s'auto configuré à la mise sous tension pour détecter le paramétrage des ports de communication de l'automate connecté.

3.4.1 Carte Modbus :

Figure VI.9: Carte Modbus

La carte Modbus MVI46-MCM est un module de communication permettant aux processeurs Rockwell de communiquer facilement avec d'autres interfaces ayant un protocole Modbus compatibles.

Le module fonctionne comme un module d'entrée/sortie entre le réseau Modbus et les composants compatibles de Rockwell.

3.4.2 Carte 20- COM- H :

Figure VI.10 : Carte 20-COM- H

Le module 20-COMM-H HVAC fournit une connexion au réseau interne de PowerFlex 70, 700, 700h et 700S, et autres composant tel que l'automate MicroLogix 1100 dans notre cas. L'adaptateur offre un moyen de contrôle, de configurer et de collecter les données sur le protocole Modbus RTU. Cette carte est intégrée dans le variateur.

4. Logiciel de programmation :

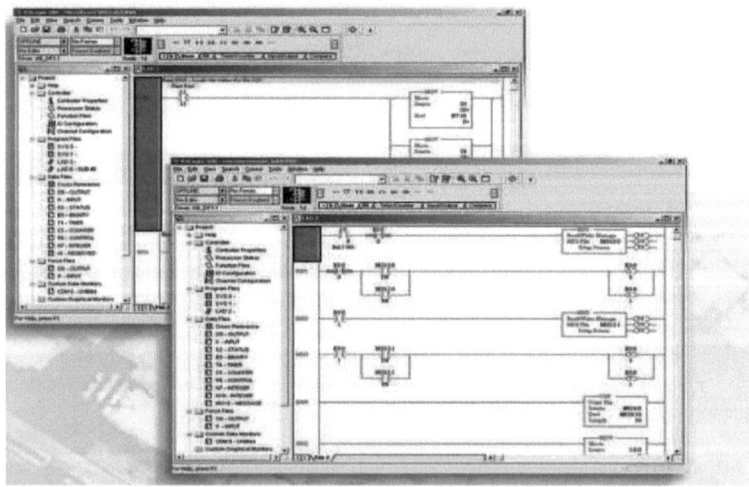

Figure VI.11: Logiciel de programmation RSLogix 500

Le logiciel de programmation RSLogix 500 vous permet de créer, Modifier et surveiller les programmes d'application utilisés par les familles d'automates programmables MicroLogix 1000, 1100, 1200, 1500 et SLC 500. C'est un outil puissant et facile à utiliser, qui vous permet de Personnaliser le programme de commande en fonction des besoins De votre application.

RSLogix 500 est un logiciel 32bits pour la programmation des automates programmables du type Logix, il est conçu pour être utilisé dans l'environnement Windows. RSLogix permet programmer en langage LADDER.

Le langage de programmation ladder et un model graphique de programmation des automates programmables industriels, il est instancié sous la forme d'un réseau ladder qui permet de contrôler les sorties de l'automate par l'intermédiaire d'un système de relais. Ces relais sont connectés entre eux en série ou en parallèle et ils sont actionnés par des entrées automates ou des variables d'état. Le comportement du LADDER est semblable à celui d'un circuit électrique.

4.1   Fonction logiciel :

Principales fonctions de RSLogix 500:

- Interface Windows standard,
- Navigateur d'application et fenêtres multiples,
- Support de programmation et de configuration,
- Communications avec l'automate.

4.2   Programmation et configuration :

Principales fonctions de programmation et de configuration :
- Programmation de langage à contacts réversible et de langage liste d'instructions,
- Programmation en modes local et connecté,
- Animation de programmes et/ou de données,
- Configuration facile à l'aide du Navigateur d'application,
- Editeurs pour les principales fonctions de programmation et de configuration,
- Fonctions d'édition : Couper, Copier et Coller,
- Programmation symbolique,
- Références croisées,
- Impression des programmes et de la configuration.

4.3   Logiciel de communication avec l'automate :

RSLinx est un système ou « serveur » de communication complet capable de communiquer avec tous les types d'appareils d'Allen Bradley. Il supporte tous les types de protocoles proposés par ce constructeur. Son rôle est d'offrir un canal de communication qui sera utilisé par les autres logiciels de Rockwell software car la plupart de ceux-ci ne supporte pas directement les protocoles de communications des appareils qu'ils exploitent. RSLinx se base sur une architecture client serveur et peut donc être utilisé avec toutes les applications supportant cette technologie.

RSLinx comporte les fonctionnalités suivantes :
*   Fournir un driver de communication directe entre le projet Factory talk et les automates programmables,
*   Transférer des données depuis ou vers les automates,
*   Etablir la communication avec tous les types d'Automates Allen Bradley,
*   La visualisation des tables de données pour certains automates,
*   Le diagnostic et l'établissement des rapports d'erreurs.

5. Supervision :

Dans l'industrie, la supervision est une technique de suivi et de pilotage informatique de procédés de fabrication automatisés. La supervision concerne l'acquisition de données et la modification manuelle ou automatique des paramètres de commande des processus.

Notre But est de seulement superviser la commande du variateur, qu'on va développer sous le logiciel Factory talkstudio.

Les étapes à suivre de cette supervision seront :

*   Etablir la communication entre l'automate et le PC a l'aide de RSlinx Entreprise, outils de communication propre à Factory talk studio,
*   Construire une base de données qui englobe l'ensemble des variables qui seront exploité par notre application,
*   Crée les différentes vues à partir des composants élémentaires déjà existant dans la bibliothèque de Factory talk studio,

5.1. Presentation du logiciel factory talk view studio :

Le logiciel de supervision factory talk view studio de Rockwell software est un logiciel qui offre des fonctions de contrôle, de surveillance et d'acquisition de données dans l'environnement de Microsoft Windows.

Il offre les fonctionnalités suivantes :

- Edition et animation de synoptique,
- Bibliothèque d'objets préconfigurés (pompes, vannes, Moteurs,…),
- Acquisition des données,
- Contrôles de commande complète,
- Gestion des alarmes,
- Gestion des événements,
- Edition des rapports de production,
- Archivage de données.

5.2. Outils utilisés :

5.2.1 Base de données :

Nous commençons par la construction d'une base de données qui englobe l'ensemble des variables qui seront exploitées par notre application. Les variables peuvent être internes (en mémoire) ou externes (dans l'automate) à factory talk view studio.

Les variables sont de type : numérique, analogique et chaîne de caractères.

5.2.2 Création de vues graphiques :

Une application de supervision est essentiellement une succession de vues, nous avons crée ces différents vus à partir des composants élémentaires déjà existants dans la bibliothèque. Nous avons également configuré ces objets avec un contrôle d'animation.

On s'est basé sur plusieurs types d'animation :

1- Visibilité.
2- Couleur.
3- Rotation de commutateur.
4- Signalisation lors d'un défaut, etc.

5.2.3 Fichiers paramètres :

Le principe du paramétrage est de pouvoir animer une vue graphique à partir de différentes tables de paramètres.

Il faut dans un premier temps créer les tables de paramétrage (clic droit sur paramètres Graphique) puis New.

1- Les paramètres sont identifiés par le sigle # suivi d'un numéro de 1 à 500.

2- Chacun de ces paramètres sera associé à un Tag

{Exemple : #1= {Gr\AUTO_MANU_G1_EX}}.

3- Il est ensuite possible de dupliquer cette table. Elle sera enregistrée sous un autre nom.

4- Il suffira après de changer le nom de tags en fonction de la table.

6. Mise en œuvre de communication via le réseau Modbus :

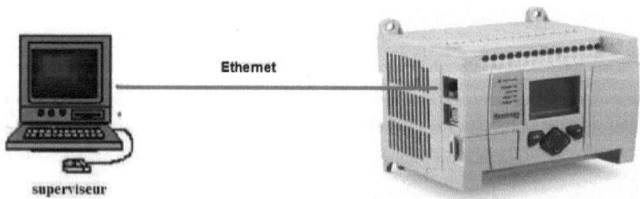

Figure VI.12: Communication entre MicroLogix 1100 et le PC de supervision

Afin d'établir la communication entre l'automate programmable et le variateur de vitesse, RSLINX permet de sélectionner le driver de communication utilisé entre l'automate programmable et le système d'exploitation.

Configuration du drive de communication :

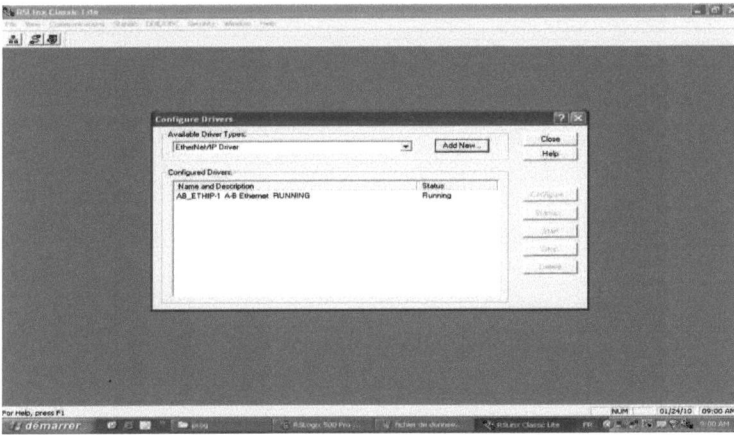

On choisi le drive Ethernet/IP drive sur RSLINX

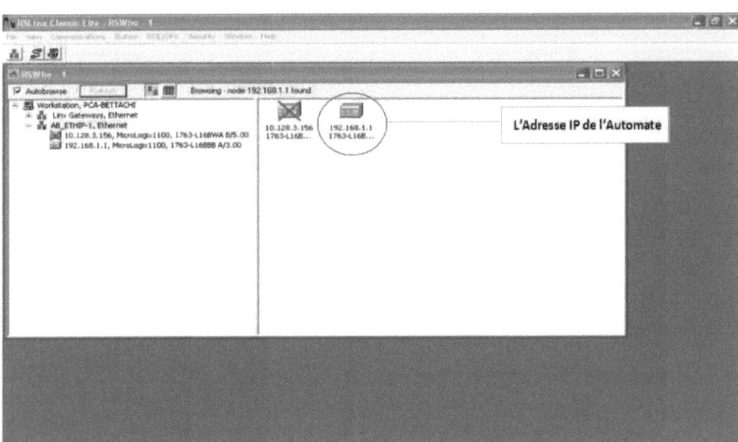

On vérifie la connexion Ethernet entre le PC et l'automate

7. Programmation en RS logix 500 :

> Choix de l'automate utilisé dans l'application :

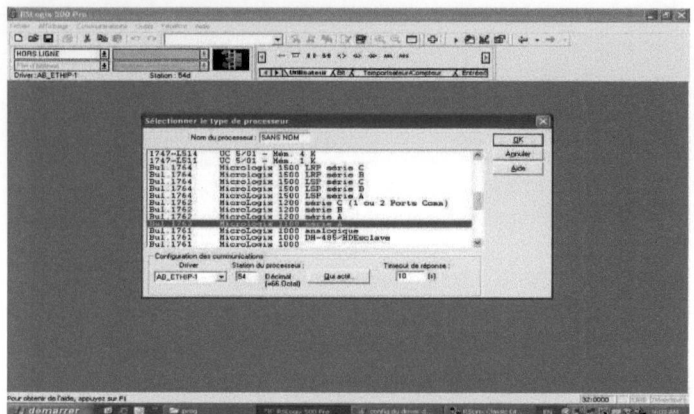

Le variateur de vitesse est commandé par l'automate programmable Micrologix 1100.

> Création de programme :

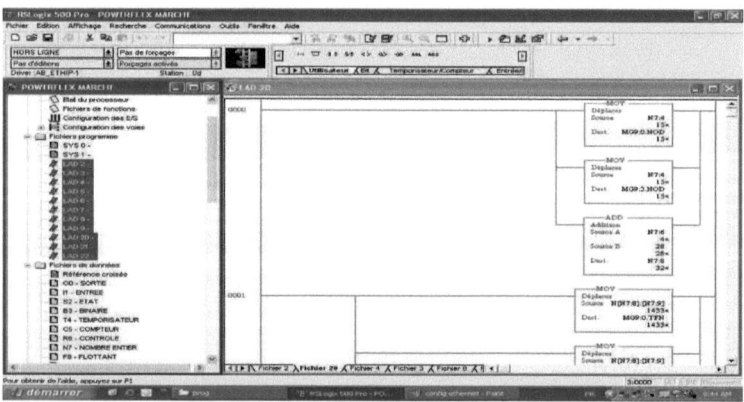

Là ou on écrit le programme qui lit les paramètres des variateurs tels que :

✓ Fréquence de sortie de variateur
✓ Courant de sorties
✓ Tension de sorties ....

> configuration du protocole de communication :

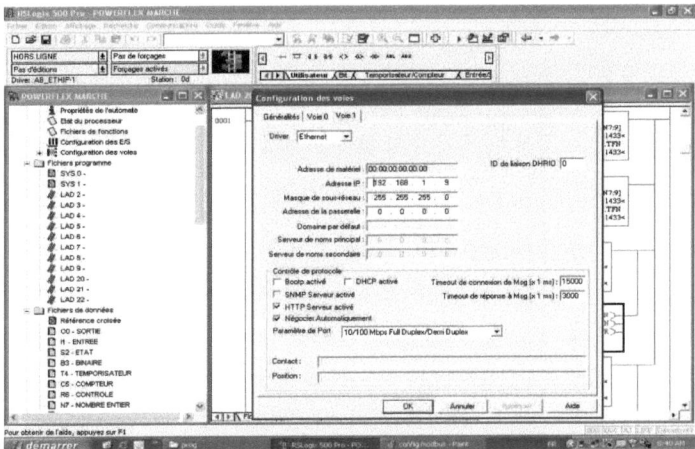

Configuration de l'adresse IP de l'automate programmable et la vitesse de transmission.

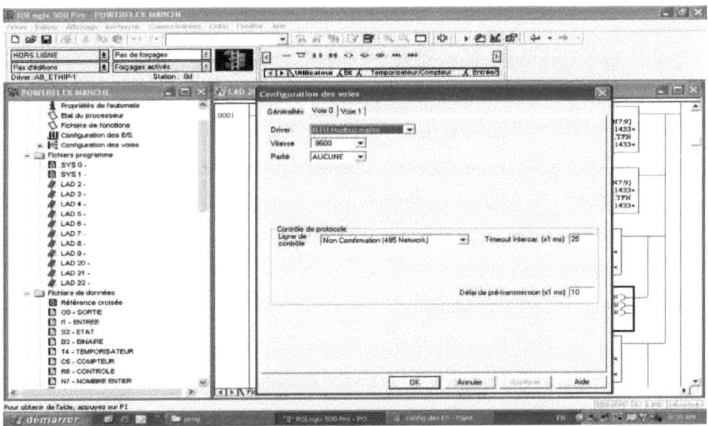

Le Channel 0 du poste de programmation est configuré pour communiquer en Modbus avec l'automate programmable.

➢ Configuration matériaux :

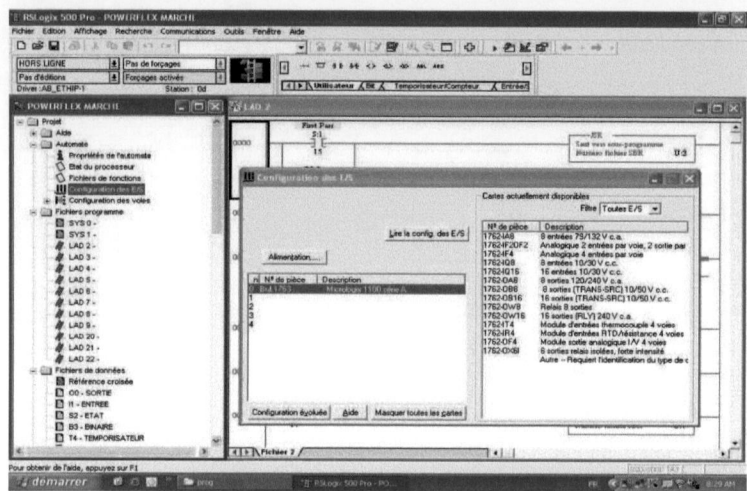

Dans cette rubrique ou on introduit la configuration matériel de l'automate.

8. Programmes réalisés :

Objectif :

Développer un programme qui sert à la variation et contrôle de vitesse d'un moteur asynchrone par le biais d'un variateur de vitesse Powerflex 70.

Ce programme doit assurer deux fonctionnalités en simultané :

- Commande du variateur en lui envoyant des actions (marche, arrêt, sens de rotation, accélération, décélération...) selon le besoin.
- Surveillance de l'état de fonctionnement du variateur de vitesse en temps réel, à travers ces paramètres (tension de sortie, fréquence de sortie, courant de sortie, fréquence commandée...)

8.1. Commande du variateur de vitesse Powerflex 70 :

Le variateur de vitesse Powerflex 70 est muni d'une carte de communication 20-COM-H lui permettant de communiquer avec l'automate Micrologix 1100 en protocole Modbus.

Toute la famille Powerflex possède un registre de commande de 16 bits qui se situe à l'adresse Modbus 40001, telle que chaque bit a sa signification comme la montre la figure au dessous, d'où toute commande passe au variateur à travers ce registre, et toute commande à sa propre combinaison (mot) binaire selon le besoin.

| Bits logiques | | | | | | | | | | | | | | | | Commande | Description |
15	14	13	12	11	10	9	8	7	6	5	4	3	2	1	0		
															x	Arrêt[(1)]	0 = Pas d'arrêt 1 = Arrêt
														x		Marche [(1) (2)]	0 = Pas de marche 1 = Marche
													x			A-Coups	0 = Pas de marche par à-coups 1 = Marche par A-coups
												x				Effacement défauts	0 = Pas de RAZ défauts 1 = RAZ défauts
										x	x					Sens	00 = Pas de commande 01 = Commande avant 10 = Commande arrière 11 = Maintien du sens actuel
								x								Commande locale	0 = Pas de commande locale 1 = Commande locale
							x									Incrément POT MOT	0 = Pas d'incrémentation 1 = Incrémentation
						x	x									Taux Accél	00 = Pas de commande 01 = Utilisez Temps Accél 1 10 = Utilisez Temps Accél 2 11 = Utilisez le temps actuel
				x	x											Taux Décél	00 = Pas de commande 01 = Utilisez Temps Décél 1 10 = Utilisez Temps Décél 2 11 = Utilisez le temps actuel
	x	x	x													Sélection de la référence[(3)]	000 = Pas de commande 001 = Réf. 1 (Sélect Réf A) 010 = Réf. 2 (Sélect Réf B) 011 = Réf. 3 (Présél 3) 100 = Réf. 4 (Présél 4) 101 = Réf. 5 (Présél 5) 110 = Réf. 6 (Présél 6) 111 = Réf. 7 (Présél 7)
x																Décrément POT MOT	0 = Pas de décrémentation 1 = Décrémentation

Figure VI.13 : mots de commande logique des powerflexs.

- **Programme de commande du Powerflex avec RSlogix 500 :**
  - ***Marche avant-Marche arrière-Arrêt :**

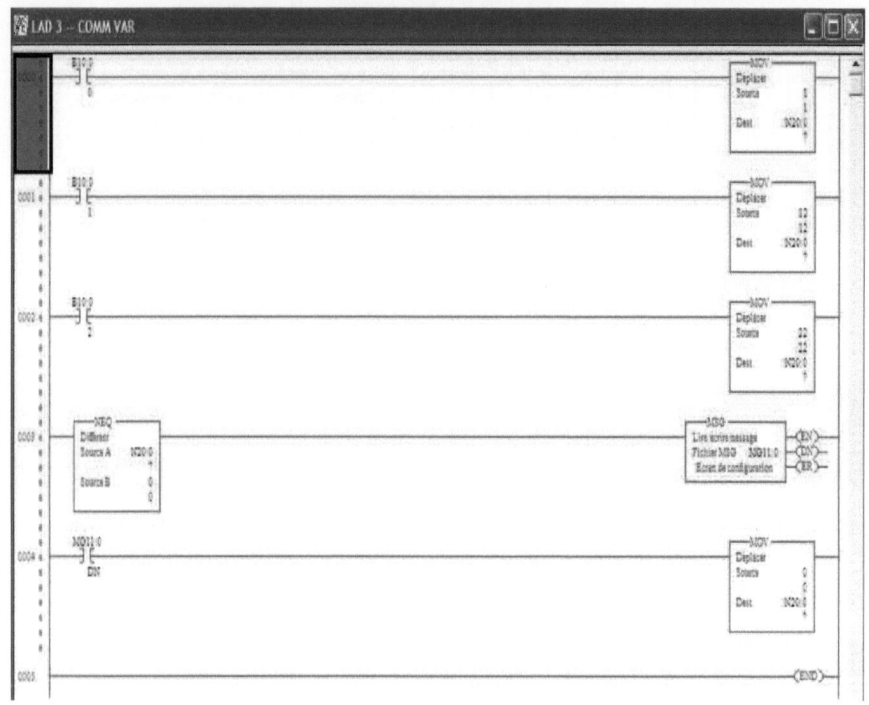

Figure VI.14 : Programme de commande du Powerflex 70.

Explication :

Ce programme permet la commande en marche avant, marche arrière et aussi l'arrêt.

Il y a deux variables principales dans ce programme à savoir :

*N20 :0 : variable entier contenant le mot de commande qui est un nombre entier   (en hexadécimal).

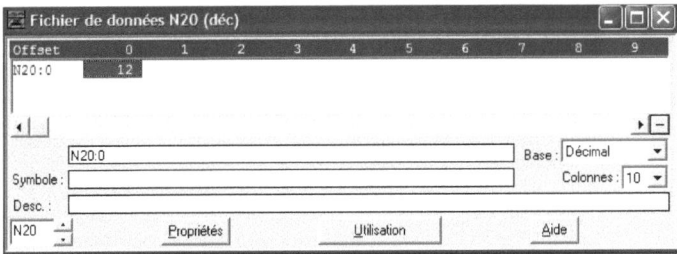

Figure VI.15: Emplacement du mot de commande

Les mots de commande utilisés dans ce programme sont :

12 : mot de commande correspond au Marche-avant.

1 : mot de commande correspond à l'arrêt.

22 : mot de commande correspond au Marche-arrière.

Remarque :

Le mot de commande qui représente deux octets binaire est converti en hexadécimal, avant de l'introduire dans le programme.

Par exemple :

12=0000 0000 0001 0010, tel que chaque bit a sa signification (b0 à b15).

Bit b1=1 : Marche.

Bit b4=1 : Commande avant (sens avant).

*MG11 :0 : Variable de type message, permet le transfert du contenu (mot de commande) de la variable N20 :0 vers l'adresse modbus 40001 du registre de commande.

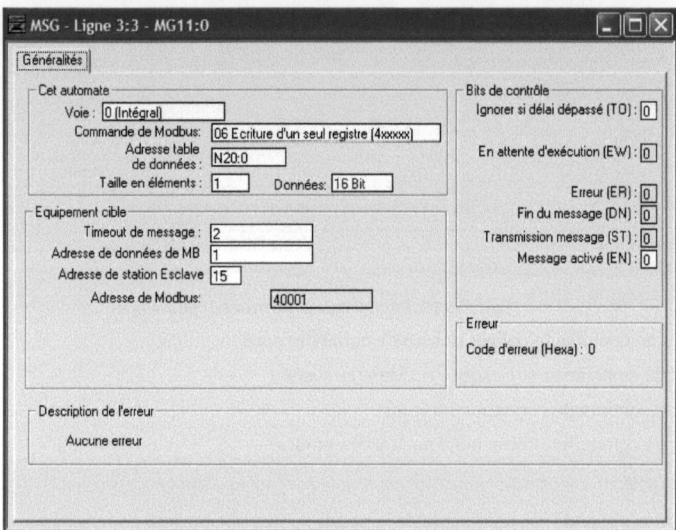

Figure VI.16 : Variable de messagerie MG11 :0

Caractéristiques :

Si la messagerie est configurée en écriture (06 Ecriture d'un seul registre (4xxxx)) ca veut dire qu'elle va transférer le contenu de la variable N20 :0 vers l'@ Modbus 40001, et l'inverse s'elle est configurée en lecture.
Taille en éléments : Désigne le nombre d'éléments contenus dans N20 :0, en cas d'écriture, et le nombre d'éléments qu'on peut stocker dedans en cas de lecture.

La fonction MOV a pour rôle l'affectation de valeurs entières (source) à la variable N20 :0(destination).
La fonction NEQ : Assure l'exécution de MG11 :0 si et seulement si N20 :0 #0.

- **Programme de commande du Powerflex avec RSlogix 500 :**

  *Accélération :

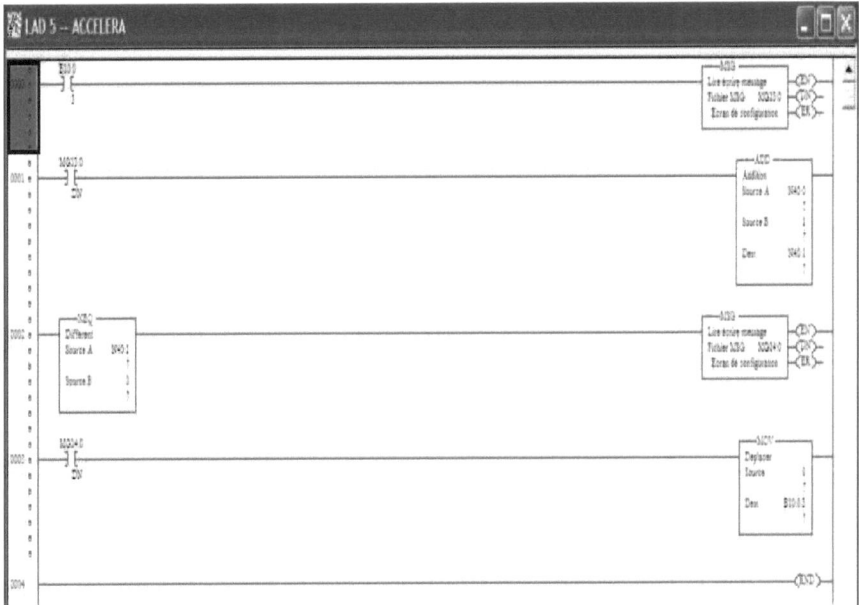

Figure VI.17: Programme d'accélération.

Explication :

Ce programme permet l'incrémentation par 1 de la fréquence de sortie attaquante le moteur, il assure l'accélération en temps réel.

Par exemple si le moteur tourne à une fréquence de 40Hz, et on demande d'augmenter la fréquence à 50Hz, il faut donc incrémenter la fréquence 10 fois, ce qui revient à exécuter ce programme le même nombre de fois.

Il y a trois variables principales dans ce programme à savoir :

*N40 : variable entier contenant deux éléments.

N40 :0 : Valeur de la fréquence F de sortie avec laquelle le moteur tourne.

N40 :1 : Valeur de la fréquence F incrémenté par 1 : F+1.

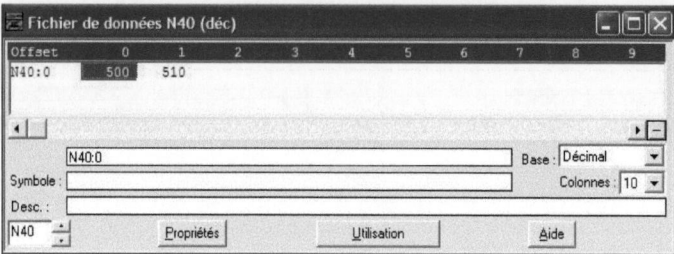

Figure VI.18: Variable N40.

Toutes les valeurs sont multipliées par 10 (caractéristique du RSlogix 500).

500=50 Hz.

510=51 Hz.

*MG13 :0 : Variable de type message, configurée en lecture, permet le transfert du paramètre :
« fréquence de sortie » dont l'adresse modbus est 40001, vers la variable N40 :0
définit au dessus.

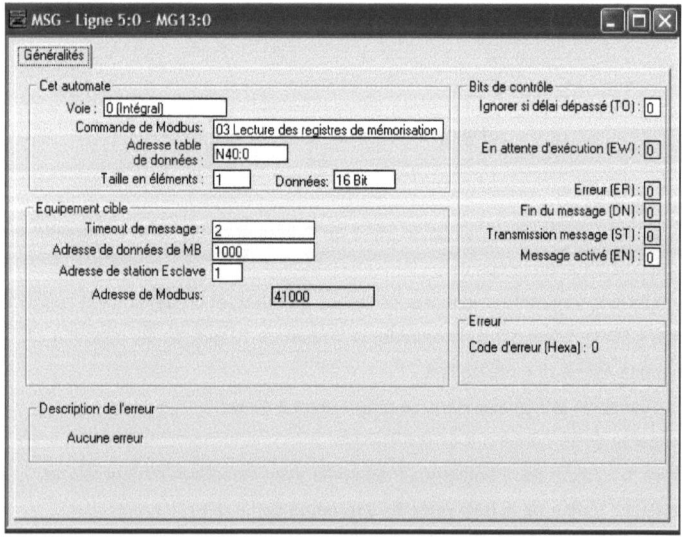

Figure VI.19 : Variable de messagerie MG13 :0

*MG14 :0 : Variable de type message, configurée en écriture, permet le transfert du contenu de N40 :1=F+1, vers l'adresse 40003, l'adresse Modbus de commande de la fréquence de sortie.

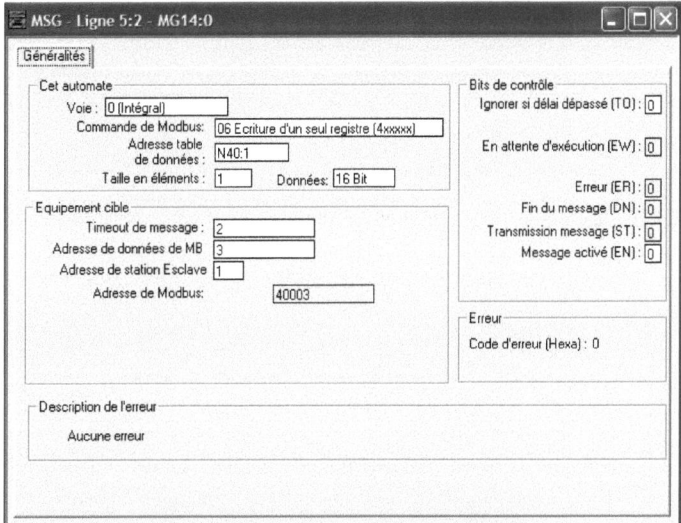

Figure VI.20: Variable de messagerie MG14 :0

La fonction ADD incrémente N40 :0=F par 1, puis le stocke dans N40 :1=F+1.
La fonction NEQ : Assure l'exécution de MG14 :0 si et seulement si N40 :1 #0.

- **Programme de commande du Powerflex avec RSlogix 500 :**

  *Décélération :

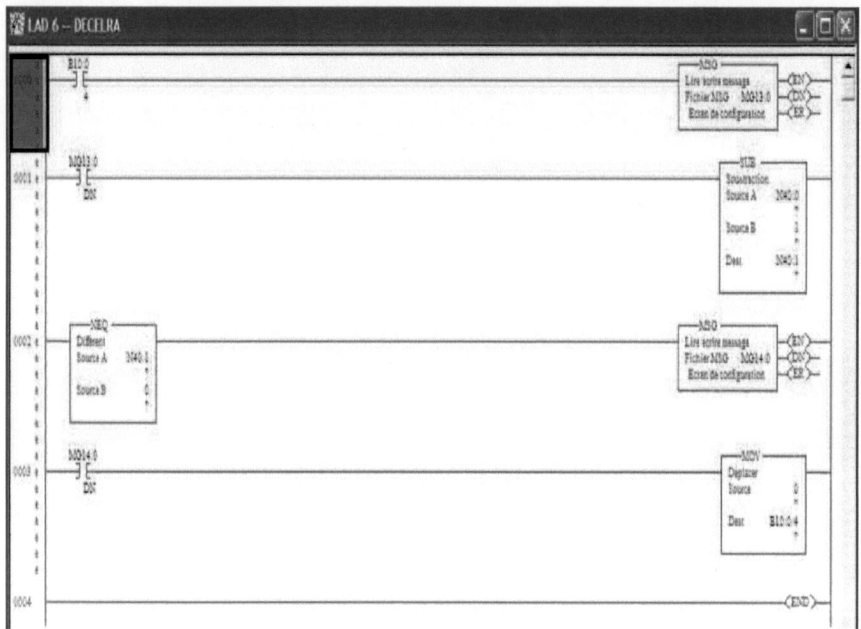

FigureVI.21 : Programme de décélération.

Le programme de décélération a le même principe de fonctionnement que le programme d'accélération, sauf que le premier engendre la décrémentation, par la fonction SUB.

8.2. Etat et paramètres du variateur de vitesse Powerflex 70 :

- **Programme de lecture des paramètres du Powerflex 70 :**

Les paramètres du powerflex reflètent son état.

Figure VI.22: lecture des paramètres du powerflex 70.

Chaque paramètre (fréquence, courant, tension...) du variateur est définit par un numéro appelé numéro de paramètre, il est important pour déduction de l'@ Modbus de chaque paramètre, pour pouvoir y accéder.

La règle d'adressage des paramètres est la suivante :

> @M.B du paramètre=41000+N°paramètre-1

Explication :

*MG13 :0 : Variable de type message, configurée en lecture, permet de lire les 20 premiers
paramètres du variateur depuis leurs @ MOdbus commençant par 41000 et les
stocker dans la variable du micrologix 1100 N30, à partir N30 :0 jusqu'à N30 :19 (20
paramètres).

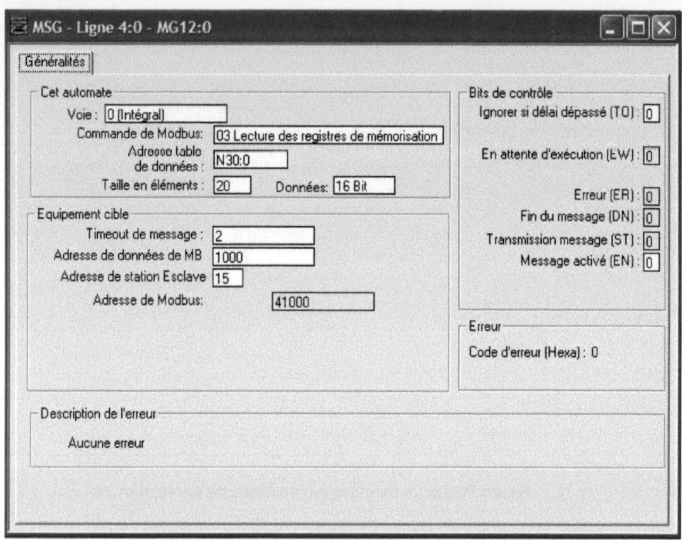

Figure VI.23 : Messagerie de paramètres du Powerflex 70.

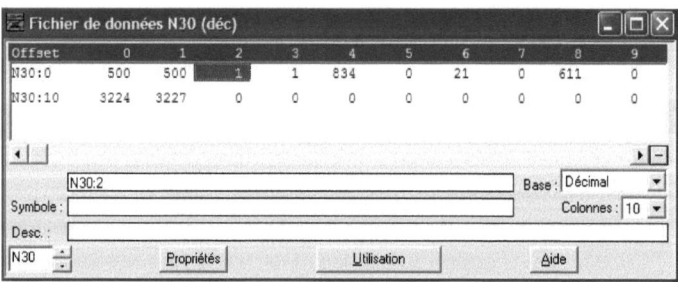

Figure VI.24 : paramètres du powerflex 70

Toutes les valeurs de la supervision et d'automatisation doivent être divisées par 10 pour obtenir les valeurs réelles.

Par exemple :

N30 :10=3224, C'est le paramètre : Tension de bus CC=3224/10=322,4V.

Figure VI.25 : Menu principale LAD2.

Le LAD2 est le programme qui s'exécute par default lors du lancement de l'exécution du programme, d'où pour exécuter nos programmes et en même temps, on utilise la fonction de saut JSR dans LAD2, qui fait appel à nos programmes qui sont dans : LAD3, LAD4, LAD5, LAD6.

U: 3: LAD 3

U: 4: LAD 4

U: 5: LAD 5

U: 6: LAD 6

9. Vue générale de la supervision du Powerflex 70 :

La vue de supervision correspondante à nos programmes (commande et état du variateur) est la suivante :

Figure VI.26 : Vue générale de la supervision.

Tous les éléments de la vue sont définis par des tags qui sont associés aux variables du programme correspondant à cette supervision, afin d'avoir une compatibilité de fonctionnement, comme le montre la figure suivante :

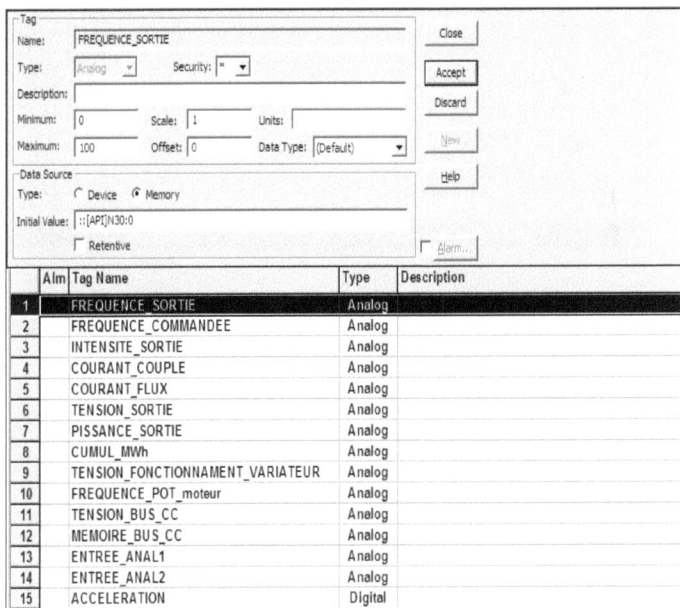

Figure VI.27: Tags associés aux paramètres du Powerflex70.

L'élément de la supervision : Frequ sortie est associé au tag FREQUENCE_SORTIE, qui est lui-même associé à la variable N30 :0, qui contient la valeur de la fréquence de sortie.
Donc tous les tags restituent leurs valeurs depuis les variables du programme lader du RSlogix 500.
Tous les tags correspondants aux paramètres du variateur sont déclarés analogiques, car ils sont associés à des variables entiers.

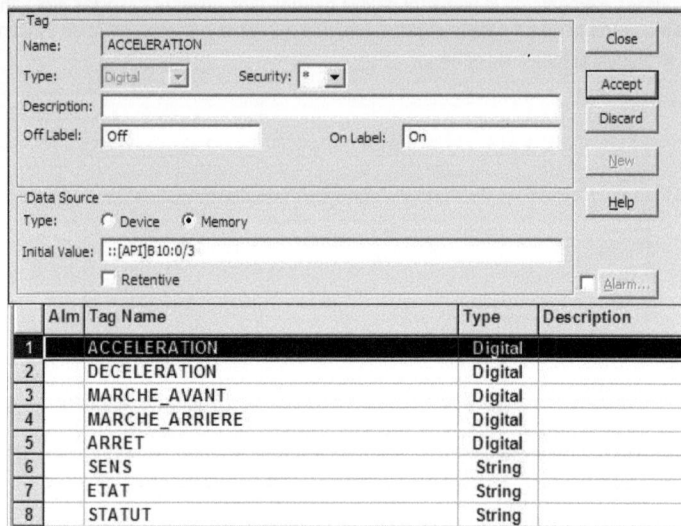

Figure VI.28 : Tags associés à la commande du Powerflex70.

Les tags de commande du variateur sont tous déclarés digital, car ils actionnent des bits pour envoyer des commandes.

Conclusion

Rester à la pointe du progrès et exploiter au mieux les avancées technologiques est un défi de taille qui ne saurait être relevé que par une ouverture constante sur les concepts ambitieux et les idées novatrices.

Dans ce sens, CENTRELEC nous a impliqués dans l'électronique de puissance, l'automatisation et la supervision ainsi que l'étude du variateur de vitesse PowerFlex.

Le stage effectué dans le cadre de projet de fin d'études, était une expérience très enrichissante et bénéfique, qui nous a permis, en tant qu'ingénieurs de valider l'ensemble des connaissances théoriques et pratiques acquises durant les cinq années de formation dans le domaine des automatismes et la technologie industrielle.

Au terme de ce projet, nous avons pu maîtriser des notions avancées dans la programmation des automates et la supervision en maîtrisant les logiciels :Drivexplorer RSLogix, Rslinks et Factorytalk.

En effet, le stage nous a permis de compléter nos connaissances techniques et scientifiques par des connaissances sociales, économiques et psychologiques propres à la vie en entreprise et de tester nos aptitudes sur le terrain ainsi qu'acquérir une méthodologie de travail.

Bibliographie

- Site Web: http://www.centrelec.com/.

- Site Web: http://www.rockwellautomation.com/ .

- Fiche Aide du logiciel RSLogix 500.

- Fiche Aide du logiciel Factorytalk view Studio.

- Manuel utilisateur Powerflex 70, 700

- Manuel utilisateur 20-comm-H.

- Journal trimestriel ECHO CENTRELEC.

- Documentation CENTRELEC.

- Documentation AIMAC.

Annexe

1.Variateur de vitesse Powerflex 700 :

Le PowerFlex 700 est un variateur simple à utiliser, aux performances exceptionnelles et au format compact, Il est conçu pour commander des moteurs à induction triphasés dans des applications de commande de vitesse les plus simples aux applications de contrôle de couple les plus complexes.

2. Caractéristiques électriques :

Caractéristiques d'entrée	Tension triphasée :	380-480 V ± 10 %
	Fréquence :	47 à 63 Hz
	Tenue de la logique aux microcoupures :	0,5 seconde
Caractéristiques de sortie	Tension :	Réglable de 0 V à la tension nominale du moteur
	Plage de fréquences :	0 à 400 Hz
	Déclenchement en cas de surintensité :	220 à 300 % suivant la puissance du variateur

3. Câblage d'alimentation et mise à la terre :

Pour les installations en armoire, un point de terre de sécurité unique ou une barre bus de terre connectée directement à la structure métallique du bâtiment doit être utilisée. Tous les circuits, y compris le conducteur de terre de l'arrivée c.a., doivent être mis à la terre indépendamment et directement à ce point ou à cette barre.

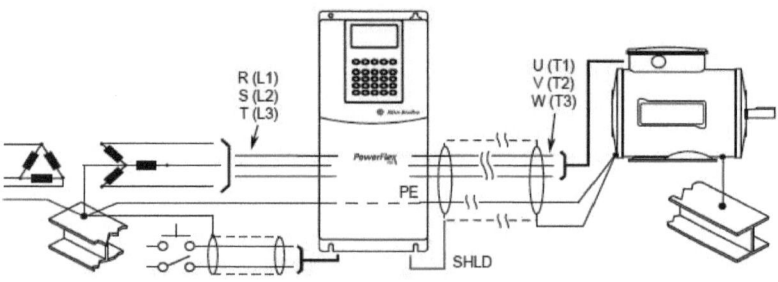

Terre de sécurité – PE :
   C'est la terre de sécurité du variateur exigée par la réglementation.
Ce point doit être connecté à une partie métallique adjacente du bâtiment (poutrelle, solive), un pieu de terre ou une barre bus (voir ci-dessus). Les points de mise à la terre doivent être conformes aux réglementations de sécurité industrielle nationales et locales et/ou aux normes électriques

Borne de raccordement de blindage – SHLD :
   La borne de blindage fournit un point de mise à la terre pour le blindage du câble moteur. Doit être connectée à une terre par un conducteur indépendant sans interruption. Le blindage du câble du moteur doit être connecté à cette borne sur le variateur (côté variateur) et sur la carcasse du moteur (côté moteur). Une bague de terminaison du blindage de câble peut également être utilisée. Lorsque du câble blindé est utilisé pour le câblage de la commande et des signaux, le blindage doit être mis à la terre uniquement du côté source, et non du côté variateur.

3. Câblage et Borniers de puissance :

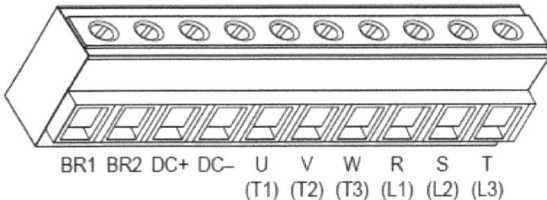

BR1 BR2 DC+ DC– U V W R S T
(T1) (T2) (T3) (L1) (L2) (L3)

Description des borniers de puissance :

Borne	Description	Remarques
BR1	Frein c.c. (+)	Connexion de la résistance de freinage (+)
BR2	Frein c.c. (–)	Connexion de la résistance de freinage (–)
DC+	Bus c.c. (+)	
DC–	Bus c.c. (–)	
PE	Terre PE	Placé autre part sur les variateurs de taille 3
⏚	Terre moteur	Placé autre part sur les variateurs de taille 3
U	U (T1)	Vers le moteur
V	V (T2)	Vers le moteur
W	W (T3)	Vers le moteur
R	R (L1)	Alimentation c.a.
S	S (L2)	Alimentation c.a.
T	T (L3)	Alimentation c.a.

Câblage des E/S standards :

Description des bornes E/S :

N°	SIGNAL
1	Entr Tens Ana 1 (–)
2	Entr Tens Ana 1 (+)
3	Entr Tens Ana 2(–)
4	Entr Tens Ana 2 (+)
5	Commun Pot.
6	Sort Tens Ana 1 (–)
7	Sort Tens Ana 1 (+)
8	Sort Courant Ana 1 (–)
9	Sort Courant Ana 1 (+)
10	Réservé pour utilisation future
11	Sortie Dig. 1– N.F. (1)

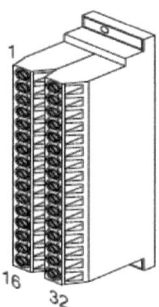

12	Commun Sortie Dig.
13	Sortie Dig. 1– N.O. (1)
14	Sortie Dig. 2– N.F. (1)
15	Commun Sortie Dig. 2
16	Sortie Dig. 2 – N.O.(1)
17	Entr Courant Ana 1 (–)
18	Entr Courant Ana 1 (+)
19	Entr Courant Ana 2 (–)
20	Entr Courant Ana 2 (+)
21	Référence Pot. -10 V
22	Référence Pot. +10 V
23	Réservé pour utilisation future
24	+24 Vc.c.
25	Commun Entrée Dig.
26	Commun 24 V
27	Entrée Dig. 1
28	Entrée Dig. 2
29	Entrée Dig. 3
30	Entrée Dig. 4
31	Entrée Dig. 5
32	Entrée Dig. 6

(1): Contacts représentés dans l'état hors tension. Les relais changent l'état quand le variateur est alimenté

Exemples de câblage des E/S :

- **Commande 2 fils - Sans inversion de sens :**

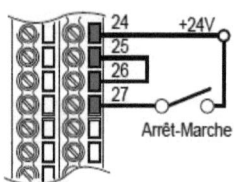

- **Commande 2 fils avec inversion de sens :**

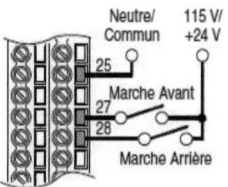

- **Commande 3 fils :**

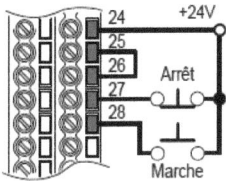

5. **Liste de contrôle de mise en service :**

- <u>Vérifiez la tension d'alimentation.</u>

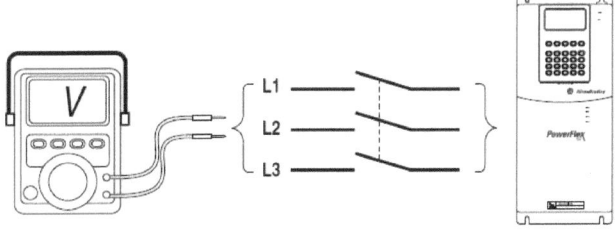

- <u>Vérifiez le câblage de puissance.</u>

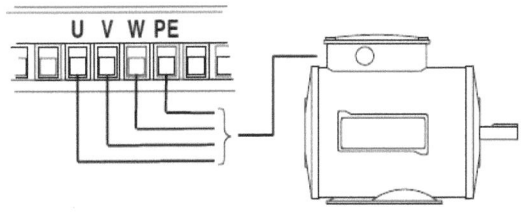

- **Vérifiez le câblage de commande.**

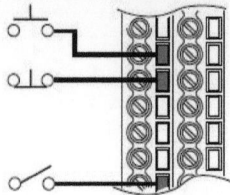

- **Appliquez l'alimentation c.a. et les tensions de commande au variateur :**

  Si l'une des six entrées digitales est configurée en Arrêt – CF(CF = RAZ Défaut) ou en Validation, vérifiez que les signaux sont présents sinon la variateur ne démarrera pas.

- **Sélectionnez la méthode de mise en service : Démarrage SMART :**

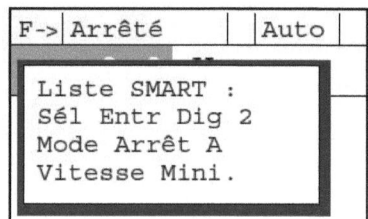

Préparation de la mise en service du variateur :

- Assurez-vous que toutes les entrées sont correctement connectées aux bornes correspondantes.
- Vérifiez sur le sectionneur que la tension d'alimentation c.a. est dans les tolérances de la valeur nominale du variateur.
- Vérifiez que la tension de l'alimentation de commande est correcte. La suite de cette procédure requiert l'installation d'une HIM. Si une interface opérateur n'est pas disponible, il faut utiliser des dispositifs distants pour mettre en service le variateur.
- Appliquez l'alimentation et les tensions de commande au variateur.

7. Présentation du module d'interface opérateur (IHM) :

Le module d'interface opérateur à écran LCD (HIM), programmable en plusieurs langues, permet la description de paramètres par groupes, la programmation, le dépannage et la mise en service. Il offre également plusieurs options de clavier comprenant la commande digitale ou analogique de vitesse, des touches de programmation, des touches de contrôle et un clavier numérique complet.

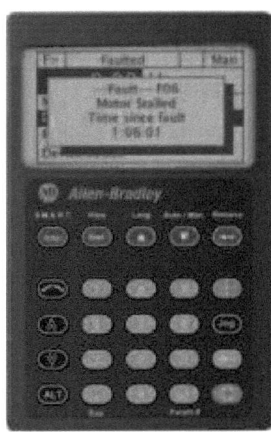

Description des fonctions de l'interface operateur(IHM) :

Fonction ALT :

Pour utiliser une fonction ALT, appuyer sur la touche ALT, la relâcher, puis appuyer sur la touche de :

Etape	Touche(s)	Exemples d'affichage
1. Dans le menu principal, appuyer sur Flèche haut ou Flèche bas pour accéder à « Paramètre ».	▲ OU ▼	
2. Appuyer sur « Entrée ». « Fichier FGP » apparaît à la ligne supérieure et les trois premiers fichiers sont visualisés en dessous.	↵	FGP : Fichier Surveillance Contrôle Moteur Référence de vitesse
3. Appuyer sur Flèche haut ou Flèche bas pour parcourir les fichiers.	▲ OU ▼	
4. Appuyer sur « Entrée » pour sélectionner un fichier. Les groupes du fichier s'affichent en dessous.	↵	FGP : Groupe Données moteur Contrôle du couple Volts/Hertz
5. Répéter les étapes 3 et 4 pour sélectionner un groupe, puis un paramètre. L'écran de valeur du paramètre apparaîtra.		FGP : Paramètre Tension Maxi Fréquence Maxi Compensation
6. Appuyer sur « Entrée » pour passer en mode modification.	↵	
7. Appuyer sur Flèche haut ou Flèche bas pour changer la valeur. Si vous le souhaitez, appuyer sur Sel pour se déplacer de chiffre en chiffre, de lettre en lettre ou de bit en bit. Le chiffre ou le bit que vous pouvez modifier sera en surbrillance.	▲ OU ▼ Sel	FGP : Par 55 Fréquence Maxi 60,00 Hz 25 <> 400,00
8. Appuyer sur « Entrée » pour mémoriser la valeur. Si vous voulez annuler une modification, appuyer sur « Esc ».	↵	FGP : Par 55 Fréquence Maxi 90,00 Hz 25 <> 400,00
9. Appuyer sur les touches Flèche haut ou Flèche bas pour parcourir les paramètres du groupe, ou appuyer sur « Esc » pour retourner à la liste des groupes.	▲ OU ▼ Esc	

Programmation associée à l'une des fonctions suivantes :

Touche ALT, puis...			Accomplit cette fonction...
ALT	(Esc)	S.M.A.R.T.	Affiche l'écran du S.M.A.R.T.
	(Sel)	Voir	Permet de sélectionner la façon dont les paramètres seront affichés ou de fournir les informations détaillées sur un paramètre ou un composant.
	▲	Langue	Affiche l'écran de sélection de la langue.
	▼	Auto / Man	Commute entre les modes Auto et Manuel.
	↵	Retrait	Permet le retrait de la HIM sans provoquer de défaut si la HIM n'est pas le dernier dispositif de commande et n'a pas le contrôle manuel du variateur.
	●	Exp	Permet l'entrée de valeurs en notation scientifique (non disponible sur le PowerFlex 700).
	+/-	N° Param.	Permet l'insertion d'un numéro de paramètre pour sa visualisation/modification.

8 Procédures de mise en service

Le PowerFlex 700 est conçu pour simplifier et optimiser la mise en service Si vous avez une HIM LCD, deux méthodes de mise en service sont fournies pour permettre à l'utilisateur de choisir le niveau nécessaire à l'application.

8.1. Mise en service S.M.A.R.T :

Cette procédure vous permet de mettre rapidement le variateur en service en programmant les valeurs des fonctions les plus courantes.

8.2. Mise en service assistée :

Cette procédure vous demande les informations nécessaires pour la mise en service du variateur pour les applications usuelles et inclut les paramètres et les E/S couramment utilisés.

9. Exécution de la mise en service S.M.A.R.T :

Pendant une mise en service, la plupart des applications ne requièrent que la modification de quelques paramètres. Sur un variateur PowerFlex 700, la HIM LCD vous permet de faire une mise en service S.M.A.R.T. qui affiche les paramètres les plus couramment utilisés. Avec ces paramètres, vous pouvez définir les fonctions suivantes :

S - Mode de démarrage et mode d'arrêt

M - Vitesse minimum et maximum

A - Temps Accél 1 et Temps Décél 1

R - Source de la référence

T - Surcharge thermique moteur

Pour exécuter une procédure de mise en service S.M.A.R.T. :

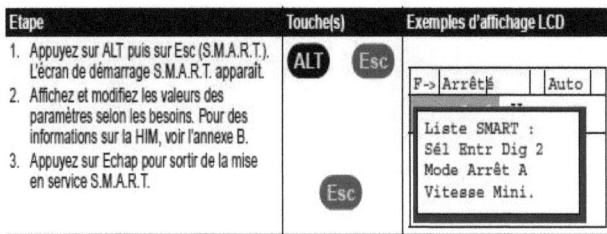

10. Exécution d'une mise en service assistée :

Cette procédure de mise en service nécessite une HIM LCD. La procédure de mise en service assistée pose des questions simples auxquelles on répond par oui ou par non, et demande l'entrée des informations requises. Accéder à la mise en service assistée en Sélectionnant « Mise en service » dans le menu principal.

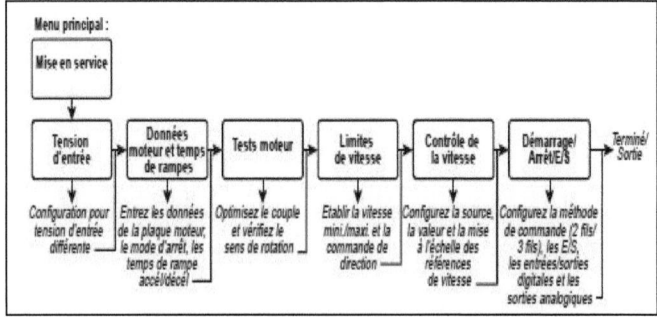

Pour réaliser une mise en service assistée :

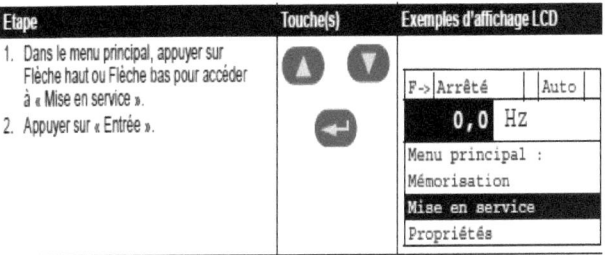

Etape	Touche(s)	Exemples d'affichage LCD
1. Dans le menu principal, appuyer sur Flèche haut ou Flèche bas pour accéder à « Mise en service ». 2. Appuyer sur « Entrée ».		F->|Arrêté | Auto **0,0** Hz Menu principal : Mémorisation **Mise en service** Propriétés

Voyant d'état du variateur :

Nom	Couleur	Etat	Description
STB	Vert	Clignotant	Le variateur est prêt, mais n'est pas en marche et il n'y a pas de défaut présent.
		Fixe	Le variateur est en marche, il n'y a pas de défaut présent.
	Jaune	Clignotant, variateur arrêté	Une condition d'alarme de type 2 est présente, le variateur ne peut pas être démarré. Vérifiez le paramètre 212 [Alarme Var. 2].
		Clignotant, variateur en marche	Une condition intermittente d'alarme de type 1 se produit. Vérifiez le paramètre 211 [Alarme Var. 1].
		Fixe, Variateur en fonctionnement	Une condition d'alarme de type 1 existe en permanence. Vérifiez le paramètre 211 [Alarme Var. 1].
	Rouge	Clignotant	Un défaut s'est produit.
		Fixe	Un défaut irrécupérable s'est produit.
PORT MOD NET A NET B	Reportez-vous au manuel utilisateur de l'adaptateur de communication.		Etat des communications internes sur le port DPI (s'il existe).
			Etat du module de communication (lorsqu'il est installé).
			Etat du réseau (s'il est connecté).
			Etat du réseau secondaire (s'il est connecté).

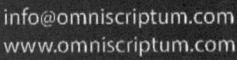